博士论丛

郝 猛　李

# 深度学习环境下数据安全的关键技术研究

Research on Key Techniques for Data Security in Deep Learning

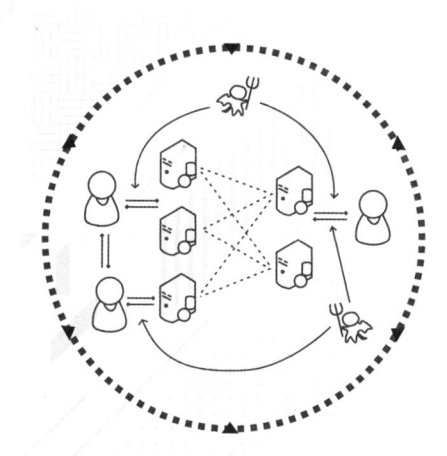

电子科技大学出版社
University of Electronic Science and Technology of China Press

·成都·

图书在版编目（CIP）数据

深度学习环境下数据安全的关键技术研究／郝猛，李洪伟，陈涵霄编著. -- 成都：成都电子科大出版社，2025.3. -- ISBN 978-7-5770-1339-8

Ⅰ.TP274

中国国家版本馆CIP数据核字第2025HG1203号

## 深度学习环境下数据安全的关键技术研究
SHENDU XUEXI HUANJING XIA SHUJU ANQUAN DE GUANJIAN JISHU YANJIU
郝　猛　李洪伟　陈涵霄　编著

| | |
|---|---|
| 出 品 人 | 田 江 |
| 策划统筹 | 杜 倩 |
| 策划编辑 | 谢忠明 |
| 责任编辑 | 谢忠明 |
| 责任设计 | 李 倩 |
| 责任校对 | 辜守义 |
| 责任印制 | 梁 硕 |

| | |
|---|---|
| 出版发行 | 电子科技大学出版社 |
| | 成都市一环路东一段159号电子信息产业大厦九楼　邮编　610051 |
| 主　　页 | www.uestcp.com.cn |
| 服务电话 | 028-83203399 |
| 邮购电话 | 028-83201495 |
| 印　　刷 | 成都久之印刷有限公司 |
| 成品尺寸 | 170 mm×240 mm |
| 印　　张 | 11 |
| 字　　数 | 170千字 |
| 版　　次 | 2025年3月第1版 |
| 印　　次 | 2025年3月第1次印刷 |
| 书　　号 | ISBN 978-7-5770-1339-8 |
| 定　　价 | 68.00元 |

版权所有，侵权必究

# 序
FOREWORD

当前，我们正置身于一个前所未有的变革时代，新一轮科技革命和产业变革深入发展，科技的迅猛发展如同破晓的曙光，照亮了人类前行的道路。科技创新已经成为国际战略博弈的主要战场。习近平总书记深刻指出："加快实现高水平科技自立自强，是推动高质量发展的必由之路。"这一重要论断，不仅为我国科技事业发展指明了方向，也激励着每一位科技工作者勇攀高峰、不断前行。

博士研究生教育是国民教育的最高层次，在人才培养和科学研究中发挥着举足轻重的作用，是国家科技创新体系的重要支撑。博士研究生是学科建设和发展的生力军，他们通过深入研究和探索，不断推动学科理论和技术进步。博士论文则是博士学术水平的重要标志性成果，反映了博士研究生的培养水平，具有显著的创新性和前沿性。

由电子科技大学出版社推出的"博士论丛"图书，汇集多学科精英之作，其中《基于时间反演电磁成像的无源互调源定位方法研究》等28篇佳作荣获中国电子学会、中国光学工程学会、中国仪器仪表学会等国家级学会以及电子科技大学的优秀博士论文的殊誉。这些著作理论创新与实践突破并重，微观探秘与宏观解析交织，不仅拓宽了认知边界，也为相关科学技术难题提供了新解。"博士论丛"的出版必将促进优秀学术成果的传播与交流，为创新型人才的培养提供支撑，进一步推动博士教育迈向新高。

青年是国家的未来和民族的希望，青年科技工作者是科技创新的生力军和中坚力量。我也是从一名青年科技工作者成长起来的，希望"博士论丛"的青年学者们再接再厉。我愿此论丛成为青年学者心中之光，照亮科研之路，激励后辈勇攀高峰，为加快建成科技强国贡献力量！

中国工程院院士

2024 年 12 月

# 前言
PREFACE

近年来,深度学习技术的迅猛发展在科学研究、工业界和社会中产生了深远影响。作为人工智能领域的关键技术,深度学习在医疗、金融、自然语言处理、交通、社交媒体、制造业等多个领域取得显著成功。然而,随着深度学习在实际应用中的广泛部署,深度学习训练与预测阶段的数据安全问题愈发凸显,成为阻碍其发展的重要因素。一方面,在训练阶段,大规模敏感数据被用于模型优化,存在机密性泄漏的威胁,可能危及个人隐私甚至商业机密。不仅如此,训练阶段可能受到数据投毒攻击和模型篡改的威胁,导致模型失真,影响准确性和可用性。另一方面,在预测阶段,基于云服务器的深度学习预测服务中,用户预测样本同样涉及个人隐私信息,可能导致机密性泄漏的问题。同时,预测阶段的数据篡改和预测流程被恶意操纵可能影响模型输出的完整性。上述的机密性和完整性威胁对深度学习应用的关键领域如医疗、自动驾驶等产生了严重的影响。因此,解决深度学习训练与预测阶段的机密性和完整性问题,为深度学习应用提供更安全可靠的数据保护机制,从而推动其在关键领域的应用与部署,展现了前所未有的重要性。本书从训练阶段的数据机密性保护、训练阶段的数据完整性保护、预测阶段的数据机密性保护和预测阶段的数据完整性保护等四个方面开展研究。

(1)训练阶段的数据机密性保护技术研究

针对当前协作训练过程中的保护隐私的数据对齐协议在非平衡设置下效率低的问题,本书设计了通用的非平衡的电路隐私集合求交协议,实现了与大的训练数据量呈亚线性的通信复杂度，其关键底层技术是一个高效的键值对检索协议。上述通用的非平衡的电路隐私集合求交协议可以直接用于保护隐私的训练数据对齐方案，实现高机密性保护，包括训练数据隐私以及对齐结果的隐私。

（2）训练阶段的数据完整性保护技术研究

针对当前抵抗拜占庭攻击的联邦学习训练技术无法与隐私保护技术兼容的问题，本书设计了与密码学友好的联邦学习拜占庭防御策略，在不损害拜占庭防御能力的情况下，降低复杂操作的密文评估开销。结合上述防御策略，本书提出了高效的密文环境下抵抗拜占庭攻击的联邦学习方案，在保证梯度数据隐私的同时，实现模型训练阶段中数据完整性的保护。

（3）预测阶段的数据机密性保护技术研究

针对当前保护隐私的深度学习预测技术在实现复杂函数操作效率低的问题，本书设计高效的多项式编码方法，提出高效的基于加法同态加密的高维矩阵乘法协议，并设计高效的基于安全多方计算的复杂非线性函数协议，包括 Softmax、GELU、LayerNorm。应用上述协议，本书提出针对复杂的 Transformer 架构的保护隐私的语言模型预测方案，保证预测过程中用户和云服务器的数据机密性。

（4）预测阶段的数据完整性保护技术研究

针对现有基于零知识证明的可验证深度学习预测技术缺乏对复杂非线性函数支持的问题，本书设计了基于查找表技术的非线性基础构建块零知识证明协议，包括数字分解、截断等，实现了常数的乘法复杂性。应用上述构建块协议，本书设计了高效的数学函数零知识证明协议，包括指数、除法和倒数平方根，可直接应用在基于零知识证明的可验证深度学习模型预测中，保证预测过程的完整性。

本书通过安全性证明阐述方案的安全性，并通过大量的实验评估展示方案的性能，并与现有工作对比来证明其性能优势。

# 目录

## 第一章 绪论
- 1.1 研究背景与意义   1
- 1.2 研究现状与问题   3
  - 1.2.1 训练阶段的数据机密性保护技术   3
  - 1.2.2 训练阶段的数据完整性保护技术   5
  - 1.2.3 预测阶段的数据机密性保护技术   6
  - 1.2.4 预测阶段的数据完整性保护技术   8
  - 1.2.5 当前研究工作存在的主要问题   10
- 1.3 研究内容与贡献   11
- 1.4 结构安排   12

## 第二章 理论基础
- 2.1 数学符号   14
- 2.2 深度学习基础知识   16
  - 2.2.1 深度学习工作流程   16
  - 2.2.2 神经网络模型架构   17
  - 2.2.3 Transformer 模型架构   18
  - 2.2.4 联邦学习训练过程   19
- 2.3 密码学基础知识   20
  - 2.3.1 加法秘密分享   20
  - 2.3.2 不经意键值存储   21
  - 2.3.3 批处理隐私信息检索   22
  - 2.3.4 多点不经意伪随机函数   23
  - 2.3.5 布谷鸟哈希   24
  - 2.3.6 加法同态加密   24
  - 2.3.7 不经意传输   25
  - 2.3.8 信息论消息验证码   26
  - 2.3.9 零知识证明   27
- 2.4 本章小结   30

- 第三章 训练阶段的数据机密性保护技术研究
  - 3.1 引言 31
  - 3.2 威胁模型 33
  - 3.3 保护隐私的非平衡场景训练数据对齐方案 34
    - 3.3.1 保护隐私的键值对检索协议 34
    - 3.3.2 保护隐私的非平衡数据对齐协议 39
  - 3.4 安全性证明 43
  - 3.5 实验 47
    - 3.5.1 实验设置 47
    - 3.5.2 基础构建块的性能 48
    - 3.5.3 保护隐私的非平衡训练数据对齐方案的性能 50
  - 3.6 本章小结 53

- 第四章 训练阶段的数据完整性保护技术研究
  - 4.1 引言 54
  - 4.2 威胁模型 57
  - 4.3 密文环境下抵抗拜占庭攻击的联邦学习训练方案 58
    - 4.3.1 密码学友好的拜占庭防御协议 58
    - 4.3.2 密文环境下抵抗拜占庭攻击的联邦学习协议 62
  - 4.4 安全性证明 69
  - 4.5 实验 70
    - 4.5.1 实验设置 71
    - 4.5.2 方案密码协议的性能 71
    - 4.5.3 方案拜占庭防御的性能 76
  - 4.6 本章小结 79

- 第五章　预测阶段的数据机密性保护技术研究
  - 5.1　引言　81
  - 5.2　威胁模型　83
  - 5.3　保护隐私的 Transformer 模型预测方案　84
    - 5.3.1　保护隐私的矩阵乘法协议　85
    - 5.3.2　保护隐私的非线性函数协议　88
  - 5.4　安全性证明　93
  - 5.5　实验　94
    - 5.5.1　实验设置　94
    - 5.5.2　基础构建块的性能　95
    - 5.5.3　保护隐私的 Transformer 模型预测方案的性能　97
  - 5.6　本章小结　100

- 第六章　预测阶段的数据完整性保护技术研究
  - 6.1　引言　101
  - 6.2　威胁模型　104
  - 6.3　基于零知识证明的可验证深度学习预测方案　104
    - 6.3.1　针对基础构建块的零知识证明协议　105
    - 6.3.2　针对数学函数的零知识证明协议　115
    - 6.3.3　针对机器学习非线性函数的零知识证明协议　123
  - 6.4　安全性证明　130
  - 6.5　实验　135
    - 6.5.1　实验设置　135
    - 6.5.2　针对基础构建块的零知识证明协议性能　136
    - 6.5.3　针对数学函数的零知识证明协议性能　139

  6.5.4 针对机器学习非线性函数的零知识证明协议性能 141
 6.6 本章小结 145
- 第七章 总结与展望
 7.1 全书总结 146
 7.2 未来展望 147
- 参考文献 149

# 第一章

# 绪 论

## 1.1 研究背景与意义

在当今数字化时代,深度学习技术的迅猛发展不仅推动了科学研究的发展,也在工业界和社会中产生了深远的影响。深度学习作为人工智能领域的关键技术,已经在医疗保健、金融、自然语言处理、交通与物流、社交媒体、制造业与物联网等多个领域取得了显著的成功。举例来说,在医疗领域[1],深度学习用于医学影像的分析,包括肿瘤检测、病变识别等,提高了医学影像诊断的准确性;在交通领域[2],利用深度学习分析历史交通数据,预测未来的交通流量,从而协助优化交通管理;在金融领域[3],深度学习被用于检测金融交易中的异常模式,提高欺诈检测的准确性。在2017年7月,我国发布了《新一代人工智能发展规划》,把人工智能列入国家战略规划,构筑我国人工智能发展的先发优势。毋庸置疑,以深度学习为底层架构的人工智能技术,正加速推进产业智能化升级,也是实现关键领域数字化转型的必要途径。

然而,随着深度学习技术在实际生产生活领域的广泛应用,机密性和完整性等数据安全问题愈发凸显并引起了社会各界的高度关注。这些机密性和完整性威胁在深度学习的训练和预测关键阶段频频发生，已经严重限制了深度学习技术的实际落地与应用部署，极大地阻碍了人工智能的发展。

第一，深度学习训练阶段存在机密性泄漏的威胁。在深度学习的训练阶段，大规模敏感数据被收集用于模型参数的优化。例如，在医疗领域，深度学习模型的训练需要大量患者的医疗数据，而在金融领域，交易记录和用户信息成为模型训练的重要数据源。然而，这些数据涉及个人隐私、商业机密等敏感信息，一旦攻击者获取到训练数据，不仅威胁到个人隐私的保护，而且还关系到商业竞争力和知识产权安全。

第二，深度学习训练阶段存在完整性破坏的威胁。在深度学习训练阶段，数据投毒攻击和模型恶意篡改可能严重导致模型参数的失真，从而影响模型的准确性和鲁棒性，甚至破坏深度学习模型的可用性。例如，在自动驾驶应用中[4]，攻击者能够通过向数据集中注入恶意数据使训练得到的模型边界发生偏移，产生错误的决策，如错误识别交通路况。这种由于外部恶意干预的完整性破坏，危及人身安全，严重影响社会治安。因此，研究如何在训练阶段维护模型的完整性，保障模型的可信性变得至关重要。

第三，深度学习预测阶段存在机密性泄漏的威胁。为促进深度学习的实际应用和便捷部署，众多科技巨头，如谷歌以及亚马逊等，纷纷推出了基于云服务器的深度学习预测服务。用户能够通过云服务器提供的访问接口轻松使用预测服务，解决了用户无法本地训练模型、预测的难题。但是，用户预测样本通常涉及个人隐私或商业机密，经常导致用户机密性泄漏的问题。例如，三星公司在使用 ChatGPT 的预测服务过程中，将公司芯片核心代码直接泄漏。因此，亟须设计有效的保护技术，解决深度学习预测过程中的机密性泄漏风险和问题。

第四，深度学习预测阶段存在完整性破坏的威胁。在预测阶段，数据篡改和预测流程被恶意操纵会直接导致模型输出错误的决策。在深度学习预测服务中，用户对模型预测过程是黑盒的，无法验证预测的完整性。这使得当前预测服务极其容易遭受完整性威胁，尤其是对医疗诊断等关键领域产生严重的恶意影响。因此，研究如何确保深度学习模型在预测过程中的数据完整性，是提高深度学习系统可靠性的重要课题。

基于上述的数据安全威胁，本书将聚焦于深度学习训练与预测关键阶段的机密性和完整性问题，探讨相关技术挑战与解决方案，以期为深度学习技术提供更为安全可靠的数据保护机制，从而推动其在医疗、自动驾驶等关键领域的应用与部署，为社会带来更安全、稳健的智能化未来。

## 1.2 研究现状与问题

针对上述讨论中的深度学习机密性和完整性的威胁，本书主要研究了训练阶段的数据机密性保护技术、训练阶段的数据完整性保护技术、预测阶段的数据机密性保护技术和预测阶段的数据完整性保护技术。下面对这四个方面的现有研究工作进行介绍和分析，最后总结现有工作的主要问题。

### 1.2.1 训练阶段的数据机密性保护技术

为了解决在传统集中式学习中，模型训练方需要收集所有数据拥有者的训练数据，从而导致机密信息泄漏的问题，最近的研究工作[5-8]提出了多个参与方协同训练深度学习模型的技术，同时不需要共享本地私密的训练数据。在实际应用中，训练样本的属性通常分布在多个数据拥有者，即每个参与方只拥有相同数据的部分属性。举例来说，大规模医院通常拥有患者的通用医疗信息，而专业医院只拥有相同患者的某具体项的医疗信息。因此，在协同模型训练中，尤其是垂直联邦学习中，一个关键阶段是利用唯一样本编号（如身份证号、手机号）对齐所有参与方相同的训练样本，该过程也称为样本编号求交集。在样本对齐或求交过程中，交集结果不应该泄漏给任何参与方,因为在实际场景中医院不能透露患者信息,银行也不能泄漏客户信息。

为了实现样本对齐中的高机密性保护,一个可用的技术是电路隐私集合求交(circuit-based Private Set Intersection,circuit-PSI)。具体而言,circuit-PSI 输出指示向量的秘密分享,其中指示向量表明集合元素是否在交集中,而不会输出明文的交集结果。Huang 等人[9]提出了第一个 circuit-PSI 协议。他们利用通用的安全计算技术,即混淆电路[10],使用了优化的排序-比较-洗牌电路来减小电路大小,从而得到一个包含 $O(n \log n)$ 比较的电路,其中 $n$ 表示集合的大小。一些后续工作[11-13]被提出旨在减少比较的数量,从而优化渐近计算和通信复杂度。最近,Pinkas 等人[14]通过引入一种新型的 batch Oblivious Programmable Pseudorandom Function (OPPRF)[15],实现了第一个具有线性通信复杂度的 circuit-PSI 协议。该协议的主要瓶颈在于计算复杂度与集合的大小呈超线性关系[14,16]。这是由于其 OPPRF 构造中耗时的多项式插值引起的。近期的研究[17-20]通过利用先进的不经意键值存储如 Garbled Cuckoo Tables(GCT)[21]等来解决这个问题,使得协议具有线性计算复杂度。Chandran 等人[16]还提出了专门的 circuit-PSI 协议,具有线性计算和通信复杂度,主要技术是一种称为 relaxed batch OPPRF 的新原语。此外,Chandran 等人[16]和 Han 等人[22]提出了专门的相等性测试协议,旨在进一步提高 circuit-PSI 的具体开销。但是,在现实的数据对齐场景中,参与方通常拥有非平衡的数据量大小。直接应用上述 circuit-PSI 协议的一个限制是,协议的通信开销与大的数据集成线性关系。

除了上述 circuit-PSI 协议,最近的工作也专门探索了在非平衡设置下的 PSI 相关的协议。例如,最近研究提出了非平衡 PSI[23-26]和非平衡 LabeledPSI[24,27]协议,协议利用同态加密实现高效地计算和通信。但是,扩展这些技术到 circuit-PSI 具有一定挑战,因为这些工作会直接输出明文交集结果。随后,Lepoint 等人[28]提出了一种用于内积的非平衡隐私数据联合与计算方案,实现了亚线性的通信开销。然而,他们的方案依赖于(混淆的)

布隆过滤器[29,30]，将 $n$ 个项编码为长度为 $O(\lambda n)$ 的向量，其中 $\lambda$ 是统计安全参数。这导致通信和计算复杂性扩大了 $\lambda$ 倍。最近，Son 和 Jeong[31] 利用 LabeledPSI[27] 提出了两个非平衡 circuit-PSI 方案。然而，为了平衡耗时的同态乘法和同态密文的大小，他们的两个方案需要在通信和计算之间进行权衡。因此，亟须设计适合实际应用场景的高效的 circuit-PSI 协议，直接应用于保护隐私的训练数据对齐方案。

## 1.2.2 训练阶段的数据完整性保护技术

近年来，许多研究人员探索了训练阶段的数据完整性保护技术，尤其是在联邦学习的场景中，来抵抗恶意的拜占庭参与方，防止其破坏模型训练的完整性。现有研究表明[32]，McMahan 等人提出的开创性的联邦学习方法[7]，甚至可能被单一的恶意参与方攻击，从而破坏模型的可用性。为了缓解这一问题，Blanchard 等人提出了防御拜占庭攻击的联邦学习方案 Krum[32]。该方法两两对比参与方梯度的欧几里得距离，然后选择与其他参与方梯度最为相似的一个梯度作为全局梯度。随后，ElMhamdi 等人[33]进一步提高拜占庭防御能力，提出了 Bulyan——该方法是结合了 Krum 以及基于中位数的防御方法。马等人[34]提出针对非独立同分布场景下的拜占庭防御方案，实现在低质量数据上确保拜占庭鲁棒性。此外，Yin 等人[35]提出了基于坐标的抗拜占庭攻击的联邦学习方案。具体而言，对于梯度向量的第 $i$ 个坐标，云服务器首先对所有的本地梯度进行排序，然后将它们的中位数作为聚合梯度的第 $i$ 个参数。但是，最近的研究[36-39]发现，上述拜占庭防御策略只能抵抗特定的拜占庭攻击，仍然容易受到更为先进的拜占庭攻击的影响。为了解决这个问题，Cao 等人提出了先进的拜占庭防御方法 FLTrust[40]，可以抵御更强大且适应性的攻击[36]。尽管上述拜占庭攻击实现了优异的防御能力，但是它们忽略了联邦学习中隐私保护的重要性。这些工作无法在密文环境下实现拜占庭防御。

为了在密文环境下解决拜占庭攻击的问题，最近的一些工作开始探索统一的解决方法[41-45]。举例来说，陈等人[46]提出了针对参与方不规则数据的保护隐私的联邦学习，解决不规则数据导致的参数泄漏和精度降低等问题。

He 等人[41]结合了基于加法秘密共享的安全两方计算和 Krum 聚合协议的变体[32]，来同时解决隐私泄漏和拜占庭攻击的问题。与此同时，So 等人[42]基于 Krum 聚合协议设计了一个类似的方案，但依赖于不同的密码技术，包括可验证的 Shamir 秘密共享和 Reed-Solomon 码。但是，如上所述，Krum 聚合协议仍然不能全面抵抗拜占庭攻击。为了进一步提高拜占庭防御能力，MLGuard[44]提出了一种基于余弦相似度和安全两方计算技术的防御方法。与基于欧几里得距离的 Krum 的工作[41,42]不同，余弦相似度测量额外考虑了各参与方梯度的方向。此外，Nguyen 等人[45]提出了 FLGuard，在保护数据隐私的同时，专注于抵御后门攻击[47]。为此，他们设计了一个基于聚类的余弦相似度测量方法，并结合现有的安全计算技术来保护数据隐私。但是，上述协议导致了与参与方数量成平方关系的通信和计算开销，因此效率仍然是主要瓶颈。其主要原因在于它们需要在各方梯度之间两两执行拜占庭统计分析，使得每个梯度都需要与所有其他梯度进行比较。

除了上述结合密码学协议的拜占庭防御技术，最近的工作[43]利用了可信执行环境(trusted execution environment，TEE)实现隐私保护以及拜占庭防御。在他们的解决方案中，云服务器配备了一个 TEE，在其中可使用定制化的方法执行抗拜占庭聚合协议而不损害各参与方的隐私。然而，研究[48]表明，TEE 仍然容易受到基于硬件的侧信道攻击的影响，因此他们的工作可能存在潜在的安全风险。因此，亟须在密文环境下设计高效的、强抵抗的拜占庭防御技术，提供严格的安全性证明，同时不牺牲模型的精确度。

### 1.2.3 预测阶段的数据机密性保护技术

为了解决预测阶段隐私信息泄漏的风险，许多研究已经为深度学习设计了保护隐私的预测协议。这些工作主要针对卷积神经网络模型，分别为其中线性层和非线性层两类模型层次设计了高效的协议，减少了计算和通信开销。具体而言，线性层主要包括全连接层和卷积层，非线性层主要包括 ReLU 激活函数层和最大池化层。

在线性层协议方面，Gazelle[49]提出了一个基于加法同态加密的线性代数计算协议框架，支持矩阵-向量乘法和卷积操作。其主要创新在于一种新的密文打包(packing)方法，以减少同态加密中的密文旋转(rotation)操作的数量，因为密文旋转是线性代数计算的主要开销来源。随后，Delphi[50]将上述线性代数计算协议扩展到预处理模式中，能够将耗时的同态加密操作放在预处理阶段，极大地提高在线阶段的计算效率。CrypTFlow2[51]提出两种线性层评估方案，分别基于加法同态加密和不经意传输技术进行实现。对于基于加法同态加密的解决方案，他们优化了 Gazelle 中的协议，支持并行化和减少密文大小。他们观察到，与基于不经意传输的方案相比，基于加法同态加密的解决方案在规模更大的模型中的性能更好，主要原因是不经意传输导致了极高的通信开销，从而导致数据传输部分占据了协议评估的主要开销。最近，Huang 等人提出了 Cheetah[52]，这是目前最高效的基于加法同态加密的线性层协议。该协议同样支持矩阵-向量乘法和卷积操作。协议的性能提升来自一种新颖的输入打包技术，这种技术摒弃了耗时的旋转操作，因此是极其高效的。此外，该打包方法与环上的秘密共享相兼容，提高了后续保护隐私的非线性操作协议的效率[52]。最近，矩阵-矩阵乘法广泛应用于当前更为复杂的语言模型中，如 Transformer。但是，这些协议只针对矩阵-向量乘法进行了优化，直接扩展到矩阵-矩阵乘法操作，仍然会导致较高的计算和通信开销。此外，Jiang 等人[53]提出了一种保护隐私的外包预测方案，其中数据和模型都是加密的。为此，他们设计了一个同态矩阵乘法协议，用于对两个加密矩阵进行乘法运算。不同于上述同态密文与明文的乘法，该协议需要调用同态乘法和旋转操作，这导致了极高的计算延迟。

在非线性层协议方面，Gazelle 和 Delphi[49,50]主要使用混淆电路来实现非线性函数的评估。众所周知，混淆电路能够在保护隐私的条件下评估任意的布尔电路，但是一个主要的瓶颈是基于混淆电路的解决方案会导致较高的通信开销。为了解决这个问题，CrypTFlow2[51]设计了基于不经意传输技术的非线性层协议，如截断和比较，这些协议实现了目前最先进的性能。SIRNN[54]将比较和截断协议作为底层基础构建块，设计更上层的非线性函数协议，包括专门用于负输入的指数操作、Sigmoid 和平方根的倒数等特殊目的的协议。此外，目前最先进的通用密码框架 MP-SPDZ[55]提供了全面的保护隐私的非线性函数协议。然而，正如 SIRNN[54]所示，使用 MP-SPDZ 实现的协议通信高且计算量大，SIRNN 协议在运行时间和通信开销方面都比 MP-SPDZ 提升了几个数量级。此外，Crypten[56]也提出了全面的非线性函数评估协议。但是，该协议引入了更强的假设，即除了用户和云服务器之外，还存在一个可信的第三方(TrustedThirdParty，简称 TTP)来协助生成相关随机数以加速协议的评估。在实际应用中，可信的第三方可能难以部署和实现[51,52]。尽管上述截断、比较和特定的非线性函数(如负数上的指数)在效率上具有优势，但是仍然无法应用在当前更为复杂的深度学习模型中，如基于 Transformer 架构的语言模型上，这些模型包括 GELU 激活函数、层归一化等复杂的非线性操作。S3ML[57]提出了一种基于可信执行环境的安全机器学习推理服务系统，其将机器学习模型运行在飞地中以保护用户隐私。然后，可信执行环境仍然引入了额外的安全性假设，从而降低了方案的安全性。因此，设计高效的保护隐私的复杂非线性函数协议，对解决现在复杂模型预测的开销瓶颈问题具有重要的意义。

### 1.2.4 预测阶段的数据完整性保护技术

预测阶段的数据完整性保护是提高基于深度学习应用可靠性的关键保障。为了解决当前基于云服务器的预测服务完整性无法验证的问题，研究人员提出了新的零知识证明技术,在保证模型隐私的同时,提供预测完整性的验证功能。简而言之,零知识证明允许一个证明者向一个验证者证明,一个公开的算法在证明者的秘密输入上被正确评估,而不会泄露关于证明者隐私的额外信息。在深度学习服务中,零知识证明的目标是使服务提供商(作为证明者)向用户(作为验证者)证明其预测是在声明的特定模型上正确评估的,同时保护模型的隐私。近年来,零知识证明技术,如 zk-SNARKs[58-59]、基于向量不经意线性评估(vector oblivious linear evaluation, VOLE)的零知识证明协议[60-64]、基于混淆电路的零知识证明协议[65-67]以及 MPC-in-the-head 范式[68],在效率和可扩展性等方面取得了极大进展。研究人员利用这些技术探索了可验证机器学习服务,主要集中在验证模型预测的完整性[69-75]。协议涵盖了相对简单的传统的机器学习模型,例如逻辑回归模型[76]、决策树的公平性[77],也应用到更为复杂的深度学习模型,包括浅层全连接神经网络、卷积神经网络[72-75]等。下面具体阐述针对深度学习的零知识证明技术。

vCNN[73]提出了利用多项式乘法来验证卷积神经网络中的卷积层,主要的技术思路是在基于配对(pairing)的零知识证明技术中组合常规的二次算术程序(quadratic arithmetic program,QAP)和多项式 QAP。Zen[72]提出了零知识证明友好的量化技术,来提高在深度学习应用中的效率。为了进一步提高零知识证明协议的效率,zkCNN[75]提出了定制化的 Sumcheck 协议来验证卷积层,大幅提高了 vCNN 和 Zen 的效率。在非线性层方面,zkCNN[75]也为两个简单的非线性函数,即最大池化层和 ReLU 激活层,设计了新的零知识证明协议。该方案的本质思想是令证明者提供输出结果的布尔比特分解,然后验证输出结果的正确性。此外,zkCNN 充分利用了输出比特分解和评估函数的特性,如 ReLU,截断和最大池化,从而降低零知识证明非线性函数的效率。但是,文章将非线性函数的输入绝对值限制在一定的范围,从而限制了这些协议扩展到更通用的非线性函数中。

Mystique[74]也提出了先进的零知识证明方案,它的技术是通用的,能够评估多种神经网络中常用的非线性函数协议。主要的技术创新是 zk-edaBits，它可以支持在零知识证明环境下，算术和布尔域之间的转换，然后使用通用的布尔电路来评估非线性函数。但是，Mystique 的转换需要消耗多次乘法运算，原因是它需要在布尔电路中执行模加电路，使得协议需要调用和输入比特长度为线性关系次数的乘法。此外，在布尔电路下评估复杂非线性函数，更是带来了极高的效率问题，尤其是在复杂的指数、除法等操作下。此外，作为与 Mystique 同时进行的研究，Baum 等人[78]也提出了零知识证明下的算术和布尔域之间的转换，并为截断和比较操作设计了定制化的协议。然而，他们的协议也假设了输入被限制在一定的范围。上述分析表明，现有的针对非线性函数的零知识证明协议，要么对协议作出了假设，无法直接扩展到更复杂的非线性数学函数，要么协议的效率成为了主要的瓶颈。因此，设计高效的支持复杂非线性函数的零知识证明协议是提高可验证深度学习预测方案可扩展性的重要一环。

### 1.2.5 当前研究工作存在的主要问题

综上所述，现有工作探索了深度学习训练和预测过程中的机密性和完整性保护技术。但是，在复杂的深度学习环境中，现有的研究仍然存在一些亟待解决的问题。本书对当前研究存在的主要问题进行归纳总结如下。

(1)深度学习训练阶段的机密性保护技术：现有的保护隐私的训练过程中数据对齐技术，要么在实际非平衡设置中效率低下，要么泄漏对齐数据结果隐私、缺乏高机密性保护。

(2)深度学习训练阶段的完整性保护技术：当前抵抗拜占庭攻击的联邦学习训练技术无法与隐私保护技术兼容，导致现有协议要么效率低下，要么在保护隐私的前提下无法实现完整性保护。

(3)深度学习预测阶段的机密性保护技术：现有的保护隐私深度学习技术在实现高维矩阵乘法和复杂非线性函数时，导致较高的计算和通信开销，无法直接应用到复杂的深度学习场景，如语言模型。

（4）深度学习预测阶段的完整性保护技术：现有基于零知识证明的可验证深度学习技术缺乏对复杂的非线性数学函数的支持，现有技术导致较高的计算和通信开销，无法实现高效的预测完整性验证。

## 1.3 研究内容与贡献

本书围绕深度学习系统的训练和预测两个关键阶段，深入研究数据机密性和完整性保护技术，提出创新性的方案，解决现有工作的不足和挑战，最终为安全深度学习的发展提供新的思路和方向。本书的主要成果及创新点如下。

（1）保护隐私的非平衡场景训练数据对齐方案：本书提出一个通用的非平衡场景电路隐私集合求交协议，实现了与大的训练数据量呈亚线性的通信复杂度，其关键底层技术是一个高效的键值对检索协议，可直接应用于保护隐私的数据对齐中，解决训练数据对齐中隐私泄漏的问题。相关论文发表在 *USENIX Security* 和 *IEEE Transactions on Industrial Informatics*。

（2）密文环境下抵抗拜占庭攻击的联邦学习训练方案：本书提出了一个针对联邦学习的密码学友好的拜占庭防御技术，构建兼容的安全多方计算协议，实现模型训练阶段中数据完整性的保护，解决密文环境下联邦模型训练中拜占庭参与方恶意影响模型训练的问题。相关论文发表在 *ACSAC*。

（3）保护隐私的 Transformer 语言模型预测方案：本书提出一个高效的保护隐私的复杂 Transformer 模型预测协议，协议包括高维度矩阵乘法、复杂非线性函数操作，实现了预测阶段中数据机密性的保护，解决模型预测中查询数据和模型参数泄漏的问题。相关论文发表在 *NeurIPS* 和 *IEEE Transactions on Information Forensics and Security*。

（4）基于零知识证明的可验证深度学习预测方案：论文提出一个针对非线性函数的零知识证明技术，广泛适用于机器学习的非线性数学函数，在确保协议效率的同时，实现预测阶段中数据完整性保护，解决模型预测中云服务器提供恶意服务的问题。相关论文发表在 *USENIX Security*。

图 1-1 展示了本书研究的总体框架，以及上述四个研究内容之间的逻辑关系。

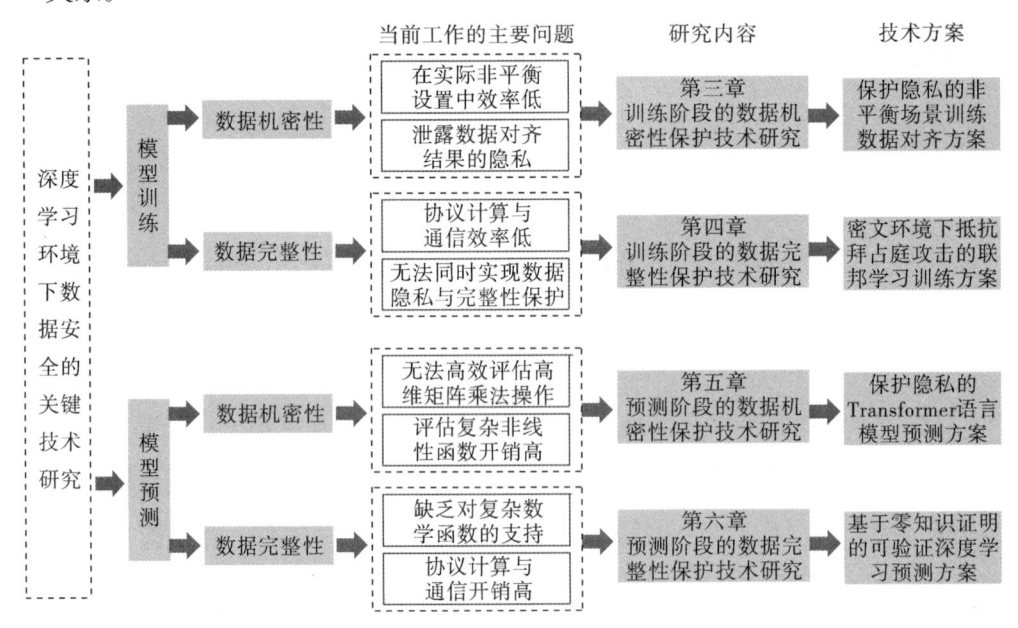

**图 1-1 本书研究的总体框架**

## 1.4 结构安排

本书的内容按如下顺序来阐述。

第一章为绪论。本章首先讨论了深度学习环境下数据安全问题的研究背景及意义，然后回顾了深度学习数据安全保护技术的研究现状与存在的问题，最后介绍了本书重点研究的四个内容与主要的研究贡献。

第二章为理论基础。本章介绍了后续章节使用的数学符号，阐述了深度学习基础知识，包括卷积神经网络架构、Transformer 架构和联邦学习。本章还介绍了密码学基础知识，包括加法秘密分享、加法同态加密、不经意传输等。

第三章为训练阶段的数据机密性保护技术研究。本章首先分析了训练阶段的隐私威胁和现有工作的问题，然后提出了保护隐私的非平衡场景训练数据对齐方案并分析所提协议的安全性，最后对所提方案协议性能进行了实验评估。

第四章为训练阶段的数据完整性保护技术研究。本章首先分析了训练阶段的完整性威胁和现有工作的问题，然后提出了密文环境下抵抗拜占庭攻击的联邦学习方案并分析所提协议的安全性，最后对所提方案协议性能和防御性能进行了实验评估。

第五章为预测阶段的数据机密性保护技术研究。本章首先分析了预测阶段的隐私威胁和现有工作的问题，然后提出了针对 Transformer 架构的保护隐私模型预测方案并分析所提协议的安全性，最后对所提方案协议性能进行了实验评估。

第六章为预测阶段的数据完整性保护技术研究。本章首先分析了预测阶段的完整性威胁和现有工作的问题，然后提出了基于零知识证明的可验证深度学习预测方案并分析所提协议的安全性，最后对所提方案协议性能进行了实验评估。

第七章为全书总结与展望，对本书关于深度学习环境下的数据安全研究进行了全面总结，并展望了未来该领域的发展方向。

# 第二章

# 理论基础

本章首先介绍论文使用的数学符号；其次，阐述论文相关的深度学习基础知识，包括卷积神经网络架构、Transformer 架构和联邦学习；最后，本章介绍全书使用的密码学原语，包括加法秘密分享、加法同态加密、不经意传输等。

## 2.1 数学符号

本书使用 $\kappa$ 表示计算安全参数，使用 $\lambda$ 表示统计安全参数。论文使用小写加粗斜体字母（如 $a$）表示向量，使用大写加粗斜体字母（如 $A$）表示矩阵。$a[i]$ 表示向量 $a$ 的第 $i$ 个元素，$A[i, j]$ 表示矩阵 $A$ 的第 $i$ 行第 $j$ 列的元素。符号 $\langle a, b \rangle$ 表示向量 $a$ 和 $b$ 的内积。符号 $|\cdot|$ 表示绝对值。$\otimes$ 表示张量积运算。$\gg$ 表示算数右移位。本书使用 $x \nmid y$ 来表示 $x$ 不是 $y$ 的除数。对于 $a, b \in \mathbb{Z}$ 且 $a < b$，$[a, b] = \{a, \cdots, b\}$ 并且 $(a, b] = \{a+1, \cdots, b\}$。本书使用 $x \leftarrow S$ 来表示从有限集合 $S$ 中均匀随机地采样 $x$。$\mathrm{negl}(\cdot)$ 表示可忽略函数，使得对于每个正常数 $c$，$\mathrm{negl}(\kappa) = o(\kappa^{-c})$。

本书使用 $A_{N,p}$ 表示多项式环 $A_{N,p} = \mathbb{Z}_p[x]/(x^N + 1)$。本书使用添加抑

扬符的小写字母(如 $\hat{a}$)表示一个多项式，并使用 $\hat{a}[i]$ 表示 $\hat{a}$ 的第 $i$ 个系数。给定多项式 $\hat{x}, \hat{y} \in A_{N,p}$，在 $A_{N,p}$ 上的乘积 $\hat{z} = \hat{x} \cdot \hat{y}$ 定义如下：

$$\hat{z}[i] = \sum_{0 \leq j \leq i} \hat{x}[j]\hat{y}[i-j] - \sum_{i < j < N} \hat{x}[j]\hat{y}[N-j+i] \bmod p \quad (2\text{-}1)$$

与现有工作相同[74,75]，本书将一个实数 $\hat{x} \in R$ 编码为一个域元素 $x \in F_p$，基于其定点数表示。在 $F_p$ 中的表示是由一个固定的精度变量 $s$ 参数化的，它指的是小数位的比特长度。本书定义了两个映射来进行实数和它们的域表示之间的相互转换。

· R2F：$R \rightarrow F_p$。从实数到其域表示的映射是 $\text{R2F}(x, p, s) = x \cdot 2^s \bmod p$。

· F2R：$F_p \rightarrow R$。从域表示到实数的映射是 $\text{F2R}(x, p, s) = (x - c \cdot p)/2^s$，其中运算在 $R$ 上进行的，且 $c = 1\{x > (p-1)/2\}$。

有时本书中的描述会省略 $s$，这意味着 $s = 0$，即转换是在带符号整数和它们的域表示之间进行的。因此，$F_p$ 可以编码区间 $[\frac{p-1}{2}, \frac{p-1}{2}]$ 内的带符号整数。表 2-1 给出了详细的数学符号及其描述。

表 2-1　数学符号及其描述

| 数学符号 | 描述 |
| --- | --- |
| $\kappa$ | 计算安全参数 |
| $\lambda$ | 统计安全参数 |
| $a$ | 小写加粗斜体字母，表示向量 |
| $A$ | 大写加粗斜体字母，表示矩阵 |
| $a[i]$ | 向量 $a$ 的第 $i$ 个元素 |
| $A[i, j]$ | 矩阵 $A$ 的第 $i$ 行第 $j$ 列的元素 |
| $\langle a, b \rangle$ | 向量 $a$ 和 $b$ 的内积 |
| $\lvert \cdot \rvert$ | 绝对值 |
| $\otimes$ | 张量积运算 |

续表

| 数学符号 | 描述 |
| --- | --- |
| $\gg$ | 算数右移位 |
| $x \nmid y$ | $x$ 不是 $y$ 的除数 |
| $x \leftarrow S$ | 从有限集合 $S$ 中均匀随机地采样 $x$ |
| $\mathrm{negl}(\cdot)$ | 可忽略函数，使得对于每个正常数 $c$，$\mathrm{negl}(\kappa)=o(\kappa^c)$ |
| $A_{N,p}$ | 多项式环 $A_{N,p}=Z_p[x]/(x^N+1)$ |
| $\hat{a}$ | 添加抑扬符的小写字母，表示多项式 |
| $\hat{a}[i]$ | 多项式 $\hat{a}$ 的第 $i$ 个系数 |
| $s$ | 精度变量，表示小数位的比特长度 |
| $\langle \cdot \rangle_p$ | $Z_p$ 上的加法秘密分享，其中 $p$ 可能是一个素数，也可能 $p=2^l$ |
| $[\cdot]_p$ | $F_p$ 上消息的承诺，其中 $p$ 是一个素数 |

## 2.2 深度学习基础知识

### 2.2.1 深度学习工作流程

深度学习[79-80]是一种机器学习方法，通过深层网络模型模拟人脑的学习过程，实现对复杂模式和关系的自动学习和预测。深度学习的工作流程包括训练和预测两个主要阶段。

（1）训练阶段：是深度学习模型通过大量标记数据来学习模式和关系的过程。在此阶段，模型通过反复调整权重，以最小化预测输出与真实标签之间的差异，逐渐提升性能。这需要迭代训练和优化，使模型能够对多样化的输入数据做出准确的预测。

（2）预测阶段：是深度学习模型运用已经学到的知识对新数据进行推断和预测的过程。在此阶段，模型无须再调整权重，而是利用训练得到的模式和关系直接生成输出结果。深度学习模型强大的推理能力能够使其准确地处理未见过的数据。

### 2.2.2 神经网络模型架构

神经网络主要包括卷积层、激活层、池化层和全连接层。为提高后续章节神经网络协议的可读性，下面对其进行详细阐述。

**1. 卷积层（Convolution Layer）**。神经网络的卷积层是深度学习中常用的层，特别适用于处理图像数据。卷积层通过在输入数据上滑动卷积核，对每个位置进行卷积操作。该层有助于神经网络学习输入数据中的空间层次结构和特征。假设输入层的数据表示为 $X$，卷积层的输出 $Y$ 可以通过以下数学公式表示：

$$Y[i, j, k] = \sum_{a=1}^{F_1} \sum_{b=1}^{F_2} \sum_{c=1}^{C} W[a, b, c, k] \cdot X[i+a-1, j+b-1, c] + b[k] \tag{2-2}$$

其中，$Y[i, j, k]$ 是卷积层输出的第 $(i, j, k)$ 个元素，$W$ 是卷积核参数，$b$ 是偏置项，$F_1$ 和 $F_2$ 分别是卷积核的高度和宽度，$C$ 是输入数据的通道数。

**2. 激活层（Activation Layer）**。神经网络的激活层负责引入非线性变换，以增加网络的表达能力。激活函数通常应用在每个神经元的输出上，将线性组合的结果映射到一个非线性的范围。在神经网络中，激活层常被嵌套在卷积或全连接层之后，对其输出进行激活操作。一种常见的激活函数是 Rectified Linear Unit（ReLU）函数，其数学表示为

$$\text{ReLU}(x) = \max(0, x) \tag{2-3}$$

此外，Sigmoid 函数也常用作激活函数，其数学表示为

$$\text{Sigmoid}(x) = \frac{1}{1+e^{-x}} \qquad (2\text{-}4)$$

**3. 池化层(Pooling Layer)**。神经网络的池化层用于提取输入数据的主要特征,减小数据的空间维度,降低计算复杂度,同时保留主要特征。常见的池化操作包括最大池化和平均池化。设输入数据为 $X$,最大池化操作可以表示为

$$\text{MaxPooling}(X)_{i,j,k} = \max_{a,b} X_{i\times s+a, j\times s+b, k} \qquad (2\text{-}5)$$

其中,$s$ 是池化操作的步幅,$i$ 和 $j$ 是输出数据的坐标,$k$ 是通道数。最大池化选择输入数据在池化窗口内的最大值作为输出。

相应地,平均池化可以表示为

$$\text{Averagepooling}(X)_{i,j,k} = \frac{1}{s^2} \sum_{a,b} X_{i\times s+a, j\times s+b, k} \qquad (2\text{-}6)$$

**4. 全连接层(Fully-connected Layer)**。神经网络的全连接层通常位于神经网络的最后一层,将学到的特征映射到最终的输出空间,例如分类问题的类别分数或回归问题的预测值。设前一层的输出为 $X$,全连接层的权重为 $W$,偏置项为 $b$,则全连接层的输出 $Y$ 可以表示为

$$Y = W \cdot X + b \qquad (2\text{-}7)$$

其中,$\cdot$ 表示矩阵乘法,$W$ 是权重矩阵,$b$ 是偏置向量。全连接层通过学习权重和偏置,将前一层的特征组合成适用于目标任务的更高层次表示。

### 2.2.3　Transformer 模型架构

Transformer 是一种编码器-解码器架构[81],其中两个部分具有相似的结构。因此,下文描述中主要关注编码器部分。编码器由一堆相同的块组成,每个块包含两个子层,即多头自注意力函数和一个前馈网络。此外,在这两个子层之间采用了残差连接和层归一化(layer normalization,LayerNorm)。编码器中每个块内的具体架构与操作描述如下。

**1. 自注意力函数**。一个注意力函数可以描述为将查询 $X_Q$ 和一组键值对 $(X_K, X_V)$ 映射到这组值的加权和,其中权重由查询与相应键的度量计算得来[81]。该函数的形式化表示为

$$\text{Attention}(X_Q, X_K, X_V) = \text{Softmax}(X_Q \cdot X_K^T / \sqrt{d}) \cdot X_V \qquad (2\text{-}8)$$

式中,$X_Q$,$X_K$,$X_V$ 是输入 $X$ 的不同线性投影,即 $X_Q = X \cdot W_Q$,$X_K = X \cdot W_K$,$X_V = X \cdot W_V$;$d$ 是查询向量的维度。

现有的基于 Transformer 的模型中不再执行单个的注意力函数,而是采用了多头注意力的变种,称为多头注意力机制。该机制将上述注意力函数扩展到 $H$ 个并行的注意力层。具体来说,可以表示为

$$\text{MultiHeadAtten} = \text{Concat}(\text{Attention}(X_{Q,j}, X_{K,j}, X_{V,j}), j \in [H]) \cdot W_O$$

$$(2\text{-}9)$$

式中,$H$ 是头的数量,并且对于 $j \in [H]$,有 $X_{Q,j} = X_Q \cdot W_{Q,j}$,$X_{K,j} = X_K \cdot W_{K,j}$,$X_{V,j} = X_V \cdot W_{V,j}$。该机制的主要直觉是,多头注意力使模型能够同时关注来自不同表示子空间的信息以及不同位置的信息[81]。

**2. 前馈网络**。一个全连接的前馈网络由两个线性变换组成,这两个线性变化之间使用 GELU 激活函数进行衔接,其中 GELU 是高斯误差线性单元函数[82]。该网络的形式化表示为

$$\text{FeedForward}(X) = \text{GELU}(X \cdot W_1 + b_1) \cdot W_2 + b_2 \qquad (2\text{-}10)$$

除了上述的编码器-解码器结构之外,Transformer 模型开头还使用了一个嵌入层,来将输入 $X_{\text{input}}$ 转换为连续的特征向量表示。该层可以被形式化为 $X = X_{\text{input}} \cdot W_E$,其中 $W_E$ 是嵌入查找表。

### 2.2.4 联邦学习训练过程

联邦学习(federated learning,FL)[7]是一种分布式机器学习方法,其核心思想是多个参与方协作训练全局模型,而无须将原始数据集传输到中央

服务器。这种去中心化的训练方式有助于保护用户隐私，减少数据传输量，以及在不同参与方上处理本地数据。联邦学习的目标是通过多个参与方上的深度学习模型训练来提升全局模型的性能，工作流程可分为本地训练和联邦聚合两个阶段。设有 $N$ 个参与方，每个参与方拥有各自的本地数据集 $D_i$，参与方的模型参数表示为 $\theta_i$，则两个阶段的具体操作如下。

**1. 本地训练**。在每个参与方 $i$ 上进行独立的本地训练，采用梯度下降等优化算法，通过最小化本地损失函数来更新本地模型参数：

$$\theta_i^{(t+1)} = \theta_i^{(t)} - \eta \nabla L_i(\theta_i^{(t)}, D_i) \tag{2-11}$$

其中，$\eta$ 是学习率，$L_i$ 是参与方 $i$ 上模型训练选择的损失函数，$\nabla$ 表示梯度。

**2. 联邦聚合**。通过联邦聚合算法，全局模型参数 $\theta^{(t+1)}$ 可以由所有参与方的参数进行加权平均得到：

$$\theta^{(t+1)} = \sum_{i=1}^{N} \frac{|D_i|}{|D|} \theta_i^{(t+1)} \tag{2-12}$$

其中，$|D_i|$ 表示参与方 $i$ 的数据集大小，$|D|$ 表示全局数据集的总大小。

上述两个过程迭代循环执行，每轮迭代中本地训练和联邦聚合交替进行，直到全局模型收敛或达到预定的训练轮数。

## 2.3 密码学基础知识

### 2.3.1 加法秘密分享

本书使用 $\langle x \rangle$ 表示 $\mathbb{Z}_p$ 上的加法秘密分享，其中 $p$ 可能是一个素数，也

可能 $p=2^l$。安全两方计算中的加法秘密分享包括分享和重构两个算法[83]。

(1) $\langle x \rangle_0, \langle x \rangle_1 \leftarrow \text{Share}(x)$：给定一个秘密 $x$，分享算法采样随机的 $\langle x \rangle_0$ 和 $\langle x \rangle_1$，满足 $x = \langle x \rangle_0 + \langle x \rangle_1 \bmod p$。

(2) $x \leftarrow \text{Recon}(\langle x \rangle_0, \langle x \rangle_1)$：给定加法秘密分享 $\langle x \rangle_0, \langle x \rangle_1$，重构算法输出 $x = \langle x \rangle_0 + \langle x \rangle_1 \bmod p$。

**1. 加法同态性**：对于任意的常数 $c_0, c_1, \cdots, c_n$ 和加法秘密分享 $\langle x \rangle_0$，$\langle x \rangle_1, \cdots, \langle x \rangle_n$，参与方可以本地计算 $\langle y \rangle$，其中 $y = \sum_{i \in [1,n]} c_i \cdot x_i + c_0$。

**2. 安全性**：任何单一加法秘密分享，如 $\langle x \rangle_0$，服从均匀随机分布，不会泄漏任何 $x$ 的信息。

**3. 布尔值的加法秘密分享**：本书使用 $\langle x \rangle^B$ 表示布尔值的加法秘密分享，满足 $x = \langle x \rangle_0^B \oplus \langle x \rangle_1^B$。布尔值的分享满足所有加法秘密分享的性质，不同的是它替代原始的加法和乘法运算为 AND 和 XOR 运算。

## 2.3.2 不经意键值存储

键值存储(key-value store，KVS)[21,84]是一种将一组键映射到相应值的数据结构。定义如下：

**定义 2.1** 假定如下参数，键空间 $K$，值空间 $V$，一组随机函数 $H$，输入长度 $n$ 和输出长度 $m$，一个键值存储包含两个算法：

(1) $\text{Encode}_H$：对于输入的键值对 $\{(k_i, v_i)\}_{i \in [n]} \in (K \times V)^n$，输出一个向量 $D \in V^m$（或者以统计上可忽略的概率输出错误指示符 $\bot$）。

(2) $\text{Decode}_H$：对于输入 $D \in V^m$ 和键 $k \in K$，输出一个值 $v \in V$。

**1. 正确性**：如果对于所有 $L \in (K \times V)^n$，其中键不同，并且满足 $\text{Encode}_H(L) \neq \bot$，则对于 $(k, v) \in L$，都有 $\text{Decode}_H(\text{Encode}_H(L), k) = v$，那么 KVS 是正确的。

**2. 不经意性**(obliviousness)[21]：如果对于所有不同的 $\{k_1^0, \cdots, k_n^0\} \in$

$K^n$ 和 $\{k_1^1, \cdots, k_n^1\} \in K^n$，使得 $\text{Encode}_H$ 不会在 $\{k_1^0, \cdots, k_n^0\}$ 和 $\{k_1^1, \cdots, k_n^1\}$ 上输出 $\bot$，以下不可区分性成立

$$\{\text{Encode}_H(\{(k_1^0, v_1), \cdots, (k_n^0, v_n)\}) \mid v_i \leftarrow V \text{ for } i \in [n]\}$$
$$\approx_s \{\text{Encode}_H(\{(k_1^1, v_1), \cdots, (k_n^1, v_n)\}) \mid v_i \leftarrow V \text{ for } i \in [n]\}$$

(2-13)

那么该 KVS 为不经意键值存储（oblivious KVS，OKVS）。

**3. 双重不经意性**（double obliviousness）[18,19]：如果对于所有不同的 $\{k_1, \cdots, k_n\} \in K_n$ 和 $n$ 个值 $v_1, \cdots, v_n$，每个值都从 $V$ 中均匀随机抽样，使得 $\text{Encode}_H$ 不会在 $\{k_1, \cdots, k_n\}$ 上输出 $\bot$，那么 $\text{Encode}_H(\{(k_1, v_1), \cdots, (k_n, v_n)\})$ 与 $V^m$ 中的均匀随机分布在统计上是不可区分的，不经意键值存储满足双重不经意性。注意，双重不经意性直接隐含了不经意性[19,20]。

**4. 二元性**（Binary）[21]：如果对于任意 $k$，$\text{Decode}_H(D, k)$ 可以表示为 $D$ 的如下线性组合：$\text{Decode}_H(D, k) := \langle D, h(k) \rangle$，其中 $h: K \to \{0, 1\}^m$ 是由 $H$ 定义的某个公共函数，那么该 OKVS 为二元 OKVS 方案。本书限制研究范围为二元 OKVS 方案。

### 2.3.3 批处理隐私信息检索

在批处理隐私信息检索（batch private information retrieval，BatchPIR）方案[85-89]中，用户希望从云服务器的数据集 $D$（大小为 $n$）中私密地一次性下载 $b$ 个条目。一个 BatchPIR 包括三个算法，其中所有算法都将计算安全参数 $\kappa$ 作为隐含输入。

（1）$\text{Query}(\{i_1, \cdots, i_b\}) \to (qu, st)$：在输入一组不同的索引 $\{i_1, \cdots, i_b\} \in ([n])^b$ 的情况下，输出一个查询 $qu$ 和一个包含索引集的隐私状态 $st$。

（2）$\text{Response}(D, qu) \to res$：在输入数据库 $D$ 和查询 $qu$ 的情况下，输出一个回复 $res$。

（3）$\text{Extract}(st, res) \to \{y_1, \cdots, y_b\}$：给定状态 $st$ 和回复 $res$，输出一组

检索结果$\{y_1, \cdots, y_b\}$。

**1. 正确性**：对于任何数据集 $D$ 和所有不同的输入 $I = \{i_1, \cdots, i_b\}$，如果满足以下条件：

$$\text{Extract}(st, \text{Response}(D, qu)) = D[i_1], \cdots, D[i_b] \quad (2-14)$$

其中$(st, qu) \leftarrow \text{Query}(I)$，那么 BatchPIR 是正确的。

**2. 用户查询隐私**：用户的查询不应泄漏有关查询索引的信息。对于所有概率多项式时间敌手 $A$ 和所有具有相等查询集大小 $|I_1| = |I_2|$ 的不同批查询集 $I_1, I_2$，如果满足式

$$\Pr[A(qu) = 1 \mid (st, qu) \leftarrow \text{Query}(I_1)]$$
$$- \Pr[A(qu) = 1 \mid (st, qu) \leftarrow \text{Query}(I_2)] \leq \text{negl}(\kappa) \quad (2-15)$$

那么方案保证了用户查询隐私。隐私信息检索和批处理隐私信息检索并不旨在保护云服务器的数据集 $D$ 的隐私[87]。

### 2.3.4 多点不经意伪随机函数

在一个不经意伪随机函数(oblivious pseudorandom function, OPRF)[90]协议中，发送方输入伪随机函数 $F$ 的密钥 $k \in \{0, 1\}^k$，而接收方以 $x \in \{0, 1\}^l$ 作为输入并获得 $F(k, x) \in \{0, 1\}^l$。在多点 OPRF(Multi-point OPRF, mpOPRF)[91]中，接收方以 $\{x_1, \cdots, x_n\} \in (\{0, 1\}^l)^n$ 作为输入，而不是单个点，并获得 $\{F(k, x_1), \cdots, F(k, x_n)\} \in (\{0, 1\}^l)^n$。理想函数定义在算法 2-1 中。

**算法 2-1** 多点不经意伪随机函数理想函数 $F$mpOPRF

**参数**：一个 PRF $F$：$\{0,1\}^k \times \{0,1\}^l \to \{0,1\}^l$。

1. 等待来自接收方的输入 $\{x_1, \cdots, x_n\} \in (\{0,1\}^l)^n$。
2. 等待来自发送方的输入 $k \in \{0,1\}^k$。
3. 将 $\{F(k, x_1), \cdots, F(k, x_n)\}$ 输出给接收方。

## 2.3.5 布谷鸟哈希

布谷鸟哈希(cuckoo hashing)[92]使用 $\alpha$ 个随机哈希函数 $h_1, \cdots, h_\alpha$：$\{0,1\}^* \to [m]$ 将 $n$ 个元素映射到 $m$ 个箱子中，其中 $m = (1+\varepsilon) \cdot n$，且常数 $\varepsilon > 0$。映射过程如下。如果对于某个 $i \in [\alpha]$，该箱子是空的，元素 $x$ 被插入箱子 $h_i(x)$ 中。否则，随机选择一个 $i \in [\alpha]$，将 $x$ 插入 $h_i(x)$，将当前在 $h_i(x)$ 中的项删除，并递归插入被删除的项。递归进行直到不再需要删除项或达到递归的阈值。如果递归停止是因为后一种原因，就被视为失败事件，表示至少存在一个未映射到任何箱子的元素。布谷鸟哈希的一个变体维护一个称为闪存(stash)的集合，用于存储这些元素。无闪存的布谷鸟哈希是不维护这个特殊闪存的情况。本书仅使用无闪存的布谷鸟哈希。

## 2.3.6 加法同态加密

加法同态加密(additively homomorphic encryption，AHE)[93,94]能够在不解密的情况下，在密文上进行线性同态运算，同时保证结果的正确性。具体来说，一个加法同态加密方案包括以下算法：

(1) AHE.KeyGen($1^\kappa$) $\to$ ($pk$, $sk$)：给出安全参数 $\kappa$，AHE.KeyGen 是一个随机化算法，输出一个公钥 $pk$ 和一个私钥 $sk$。

(2) AHE.Enc($pk$, $m$) $\to c$：加密算法 AHE.Enc 输入一个明文 $m$ 并使

用公钥 $pk$ 对该明文进行加密，得到一个密文 $c$。

(3) AHE.Dec($sk, c$)→$m$：输入私钥 $sk$ 和一个密文 $c$，（确定性的）解密算法 AHE.Dec 输出明文 $m$。

**1. 正确性**：对于任意的明文 $m$，AHE.Dec($sk$, AHE.Enc($pk, m$)) = $m$，其中 $(pk, sk)$←AHE.KeyGen($1^\kappa$)。

**2. 安全性**：对于任意的明文 $m_0$ 和 $m_1$，密文 AHE.Enc($pk, m_0$) 和 AHE.Enc($pk, m_1$) 是计算上不可区分的。

**3. 加法同态性**：给定公钥 $pk$、密文 $c_1$ 和 $c_2$ 分别对应明文 $m_1$ 和 $m_2$，以及一个线性函数 func，方案可以在不解密的情况下生成密文 $c$，满足 AHE.Dec($sk, c$) = func($m_1, m_2$)。

本书基于 Brakerski-Fan-Vercauteren(BFV) 协议[95-96]实例化 AHE 方案，该协议是高效的基于格的同态加密解决方案。

### 2.3.7 不经意传输

不经意传输(oblivious transfer, OT)[97]是一个两方协议，发送方持有两个消息 $x_0, x_1 \in \{0, 1\}^l$，接收方持有选择比特 $b$。协议执行之后，接收方获得 $x_b \in \{0, 1\}^l$，而发送方不会获得任何消息。协议确保了如下安全性。

**1. 发送方隐私**：协议执行后，接收方只获得 $x_b$，没有任何另外一个消息 $x_{1-b}$ 的信息。

**2. 接收方隐私**：协议执行后，发送方没有获得任何接收方选择比特 $b$ 的信息。

此外，一个通信更高效的不经意传输变体是相关不经意传输(Correlated OT, COT)[98]。在这个变体中，发送方输入一个消息 $x$，接收方输入选择比特 $b$。协议执行之后，发送方获得一个随机的 $r$，同时接收方获得 $r + b \cdot x$。由于本书协议只需要 COT，COT 的理想函数定义在算法 2-2 中。利用当前高效的不经意传输扩展协议 IKNP[97]，消息长度为 $l$ 的不经意传输和相关不经

意传输分别需要 $\kappa+2l$ 和 $\kappa+l$ 比特的通信,通信轮次为 2 轮。

**算法 2-2**　相关不经意传输 $F_{COT}$

**参数**：消息比特长度 $l$。

1. 等待来自发送方的输入 $x \in \{0,1\}^l$。
2. 等待来自接收方的输入 $b \in \{0,1\}$。
3. 输出一个随机的 $r \in \{0,1\}^l$ 给发送方,输出 $r+b \cdot x \in \{0,1\}^l$ 给接收方。

### 2.3.8　信息论消息验证码

信息论消息认证码(information-theoretic message authentication code,IT-MAC)[99,100]已经被广泛应用到抵抗恶意敌手的安全多方计算和零知识证明场景。在零知识证明中,信息论消息认证码也被称为承诺(commitment),能够对承诺中的值进行验证。具体来说,假设 $\Delta \in F_p$ 是仅由验证者 V 知道的全局密钥。对于消息 $x \in F_p$ 的承诺可表示为 $[x]_p$,意味着证明者 P 拥有 $x \in F_p$ 和一个消息验证码 $Mx \in F_p$,V 拥有一个随机的本地密钥 $Kx \in F_p$,满足 $M_x = K_x + \Delta \cdot x \in F_p$。一个承诺 $[x]_p$ 可以通过以下方法被公开(open):P 将 $(x, M_x)$ 发送给 V,V 检查 $M_x = K_x + \Delta \cdot x$。

**1. 加法同态性**:给定公共常数 $c_0, c_1, \cdots, c_n \in F_p$ 和承诺 $[x_1]_p, \cdots, [x_n]_p$,P 和 V 可以本地计算 $[y]_p := c_0 + \sum_{i \in [1,n]} c_i \cdot [x_i]_p$,满足 $y = c_0 + \sum_{i \in [1,n]} c_i \cdot x_i$。

**2. 不可伪造性**:P 伪造不正确的 $x$ 使上述检查通过的概率最多为 $1/|F_p|$。当公开 $n$ 个全零值 $[x_1]_p, \cdots, [x_n]_p$ 时,称为 CheckZero。相比发送所有的 MAC,一个更高效的方法是,P 计算 $h := H(M_{x1}, \cdots, M_{xn})$ 并将 $h$ 发送给 V,后者检查等式 $h = H(K_{x1}, \cdots, K_{xn})$ 是否成立,其中哈希函数 $H: \{0,1\}^* \to \{0,1\}^k$ 为随机预言机。CheckZero 的错误检查的概率最多为 $1/|F_p| + q/2^k$,其中 $q$ 是对随机预言机的查询次数。

最近的工作利用向量不经意线性评估（vector oblivious linear evaluation，VOLE）协议[101-102]，可以高效地生成对随机数的承诺，该协议的通信复杂度与承诺数量呈亚线性关系。

### 2.3.9 零知识证明

零知识证明（Zero-knowledge Proof，ZKP）是交互式的两方协议[103]，允许证明者 P 向验证者 V 证明，一个特定的陈述在秘密值下是成立的。零知识证明协议包括三个关键性质：完备性、可靠性、和零知识性。具体定义如下。

**1. 完备性**（completeness）是指如果所证明的陈述为真，那么有一个概率为 1 的多项式时间算法，使得合法的证明能够说服验证者接受断言的真实性。

**2. 可靠性**（soundness）是指如果断言为假，那么对于任何概率多项式时间的算法，合法的证明都不能使验证者误信断言的真实性。

**3. 零知识性**（zero-knowledge）是指证明者能够向验证者证明断言的真实性，但在此过程中不泄露有关断言的任何隐私信息。

类似于现有的工作[74,104]，本书将其定义为算法 2-3 中的理想函数 $F_{ZK}$，其满足电路可满足性，该理想函数属于承诺-证明（commit-and-prove）范式。上述理想函数隐含了更强的零知识证明的性质，即完备性、知识可靠性（knowledge soundness）和零知识性。该理想函数可以使用多种现有的零知识协议来实现，本书使用了基于最新的基于 VOLE 的指定验证者的交互式零知识证明[60,61,74,105]来实例化，因为它们具有快速的证明时间和较小的内存占用。

#### 2.3.9.1 针对只读内存访问的零知识证明

本节介绍针对只读内存访问（Read-OnlyMemory，ROM）的零知识证明[104,106,107]（ZK-ROM），这是第 2.3.9.2 节中所提查找表协议的基础。该技术使得证明者 P 能够承诺一个大小为 $T$ 的存储器，其中包含元素 $m_0$，…，$m_{T-1}$，然后当 P 从存储器中访问第 $i \in [0, T-1]$ 个位置的元素时，P 会向验证者 V 提供证明，证明所读取的值为 $m_i$。最近的研究针对批量的内存访问设置，意味着 P 可以一次性证明在大小为 $T$ 的存储器上进行 $N$ 次访问的正确性。本节回顾当前最高效的只读内存访问的零知识证明协议[104]，该协议分为三个阶段：初始化、访问和清理，具体如下。

**算法 2-3** 零知识证明理想函数 $F_{ZK}$

**参数**：一个素数 $p$。证明者 P 和验证者 V。

1. **输入函数**：收到来自 P 的 $(\text{Input}, x)$ 后，存储 $x$ 并将 $[x]_p$ 发送给 P 和 V。

2. **线性函数**：收到来自 P 和 V 的 $(\text{Affine}, c_0, c_1, \cdots, c_n, [x_1]_p, \cdots, [x_n]_p)$ 后，检查 $[x_1]_p, \cdots, [x_n]_p$ 是否有效，如果无效则终止。在 $F_p$ 中计算 $y = c_0 + \sum_{i \in [1,n]} c_i \cdot x_i$，存储 $y$ 并将 $[y]_p$ 发送给 P 和 V。

3. **乘法函数**：收到来自 P 和 V 的 $(\text{Mult}, [x]_p, [y]_p)$ 后，检查 $[x]_p, [y]_p$ 是否有效，如果无效则终止。在 $F_p$ 中计算 $z = x \cdot y$，存储 $z$ 并将 $[z]_p$ 发送给 P 和 V。

4. **CheckZero 函数**：收到来自 P 和 V 的 $(\text{Zero}, [x]_p)$ 后，检查 $[x]_p$ 是否有效且 $x = 0$。如果检查失败，则输出终止给 V，否则输出成功。

5. **输出函数**：收到来自 P 和 V 的 $(\text{Output}, [z]_p)$ 后，检查 $[z]_p$ 是否有效，如果检查失败则终止，否则将 $z$ 发送给 V。

（1）在初始化阶段，P 和 V 初始化两个三元组向量 reads 和 writes，其中每个三元组包含一个访问地址、一个访问值和一个称为版本（version）的元数据。对于内存中的第 $i$ 个元素，其中 $i \in [0, T-1]$，P 和 V 将 $([i]_p, [m_i]_p, [0]_p)$ 存放到 writes。

（2）访问阶段可以执行 $N$ 次。当访问内存中的第 $j \in [0, T-1]$ 个元素时，P 和 V 将 $([j]_p, [m_j]_p, [v_j]_p)$ 存放到 reads，其中 $v_j$ 是 writes 中 $m_j$ 的

最新版本，同时将$([j]_p, [m_j]_p, [v_j+1]_p)$存放到 writes。

（3）最后，在清理阶段，对于内存中的第 $i \in [0, T-1]$ 个元素，P 和 V 将$([i]_p, [m_i]_p, [v_i]_p)$存放到 reads，其中 $v_i$ 也是 writes 中 $m_i$ 的最新版本。

零知识证明协议的关键观点是，只有当向量 reads 是向量 writes 的一个置换时，每次的内存访问才是正确的。对该置换进行零知识证明需要耗费 $2 \cdot (T+N)$ 个乘法。需要注意的是，该协议可以扩展到仅包含键值存储(即访问地址空间是任意集合)和多个值(即访问值空间包含任意数量的值)。详细的协议和可靠性分析可参考 Yang 等人的工作[104]中的第 4 章和附录 C。

#### 2.3.9.2 针对查找表的零知识证明

本书利用查找表技术来高效地评估非线性数学函数。在针对查找表的零知识证明协议中，证明者 P 和验证者 V 预先计算一个公共的表来存储被评估的非线性函数的所有合法输入-输出对。然后，P 向 V 提供证明，证明计算得到的输出及其输入存在于这个表中。本书基于查找表技术的零知识证明理想函数展示在算法 2-4 中。其中，CheckLookup 表示针对查找表操作的零知识证明技术。此外，该理想函数还包括了针对范围检查操作的零知识证明技术，即 CheckRange，这是查找表的一种简化变体，其唯一区别在于输出项为空。

**算法 2-4** 查找表零知识证明理想函数 $F_{ZK}^{Lookup}$

1. 该理想函数扩展了理想函数 $F_{ZK}$ 中的指令。

2. **CheckLookup 函数**：收到来自 P 和 V 的(Lookup, $L$, $[x]_p$, $[y]_p$)后，检查 $[x]_p$, $[y]_p$ 是否有效且 $(x, y) \in L$。如果检查失败，则输出终止给 V，否则输出成功。

3. **CheckRange 函数**：收到来自 P 和 V 的(Range, $R$, $[x]_p$)后，检查 $[x]_p$ 是否有效且 $x \in R$。如果检查失败，则输出终止给 V，否则输出成功。

本书使用第 2.3.9.1 节中介绍的针对只读内存访问的零知识证明协议

来实例化上述理想函数,其中只读内存访问中的访问地址和访问值现在分别对应于输入和输出。给定一个表 $L$ 和 $T$ 个经过承诺的值 $\{[x_j]_p, [y_j]_p\}_{j\in[1,T]}$,该协议检查对于所有 $j \in [1, t]$,$(x_j, y_j) \in L$ 是否成立。注意,该协议可以直接扩展以支持多维值 $y$。对于在大小为 $T$ 的表上进行的 $N$ 次查找,计算复杂度为 $T + 2 \cdot N$ 个乘法门。与原始的针对只读内存访问的零知识证明相比,这减少了 $T$ 次乘法操作。其原因在于本书的表始终是公开的,因此在初始化阶段,可以将 $T$ 个元组以明文形式追加到向量 writes 中。在本书的深度学习应用中,$N \gg T$,因此每次查找的分摊计算复杂度为 2 个乘法操作。值得强调的是,在深度学习中批量查找是非常合理的,因为深度学习会大量重复评估同一个非线性函数,例如 ResNet50 模型的一层中包含 800K 个 ReLU 激活函数[51,108]。

## 2.4 本章小结

本章重点介绍了深度学习和密码学的基础知识。总体而言,本章首先介绍了深度学习场景,包括神经网络模型、Transformer 模型等;然后介绍了包括加法秘密分享、不经意传输、零知识证明等密码学技术。这些通用的深度学习和密码学的基础将贯穿本书。

# 第三章

# 训练阶段的数据机密性保护技术研究

本章研究训练阶段的数据机密性保护,主要关注保护隐私的非平衡训练数据对齐方案,对齐后的训练数据可以直接应用于保护隐私的模型训练,确保训练数据的机密性。

## 3.1 引言

随着深度学习在医疗、金融等涉及用户隐私的领域得到广泛应用,训练阶段的数据机密性问题也引起了广泛的关注。现有的集中式学习设置,模型训练方可能需要收集数据拥有者的隐私数据,这从根本上违反了当前严格的法律法规,例如《通用数据保护条例》《数据安全保护法》。为了解决这个问题,最近的研究工作[5-8]提出了多参与方协同训练技术,能够在不共享本地私密训练数据的情况下训练深度学习模型。在协同模型训练中,尤其是垂直联邦学习,一个关键阶段是训练数据对齐。数据对齐是指在不同参与方所拥有的本地训练数据中,根据某种标准(如样本ID)将符合的样本进行匹配和对应。最近,通用的电路隐私集合求交(circuit-based private set intersection，circuit-PSI)[14,16,18]，能够直接用于训练数据对齐，实现高机密性保护。它不仅能够保护参与方训练数据隐私，而且不直接泄漏对齐样本，而是以秘密分享形式分布在参与方之间。举例来说，假设有一家银行和一家互联网公司希望合作训练一个模型以识别客户的信用风险。银行拥有客户的存贷情况、信用历史等金融特征信息，而互联网公司拥有客户在网上的行为数据、购物习惯等特征信息。然而，由于数据隐私和安全性的要求，两个公司不能直接共享彼此的数据集。这时，circuit-PSI技术便派上了用场。通过该技术，两个公司可以在不泄露各自完整数据集的情况下，找到他们共有的客户集合。具体来说，双方可以使用该技术来计算他们数据集中客户 ID 的交集，而不需要实际交换或存储这些 ID。一旦获得了共有的客户集合，便可使用协同训练策略在这些共同的客户信息上进行全局模型训练。下面笔者将详细介绍现有的 circuit-PSI 技术。

与直接公开交集 $X \cap Y$ 的普通 PSI[14,16,18]不同，circuit-PSI 具备在交集上安全计算函数 $f$ 的能力，并且只输出结果 $f(X \cap Y)$，而不泄露 $X \cap Y$。这扩展了 PSI 的适用范围，使其适用于更广泛的场景，尤其是训练数据对齐场景。形式上，对于集合 $X$ 中的每个元素 $x$，参与方获取关于 $b$ 的秘密分享，其中 $b=1$ 表示 $x \in X \cap Y$，反之 $b=0$。然后，可以利用这些分享使用通用的安全两方计算协议[10,109]安全地计算任何所需的函数，比如在对齐的数据上进行基于安全多方计算的模型训练[6]。circuit-PSI 协议的最新进展[14,16,18-20]已经展示了高效的计算，并实现了与各方集合大小成正比的线性通信复杂性。

尽管 circuit-PSI 协议具有显著的优势，但目前它们主要侧重于参与方持有的集合大小相似的情境(即平衡情境)。然而，在实际应用中，通常需要在"非平衡数据"情境中执行 circuit-PSI 协议，尤其是当两个参与方的数据集大小存在显著差异时。在这种情况下，一方(通常是客户端)的数据集远小于另一方(通常是服务器端)的数据集大小。但是，当前缺乏专为非平衡 circuit-PSI 场景量身定制的有效技术。现有的解决方案要么直接公开交集结果，要么耗费大量的通信开销。一方面，一些研究探索了非平衡PSI协议[23-27]，解决了云服务器集合远远大于用户集合的情况。然后，将这些协议扩展到非平衡circuit-PSI设置是具有挑战性的，因为它们本质上以明文形式披露了交集。另一方面，将最先进的circuit-PSI协议[14,16,18-20]直接应用于非平衡的设置也是有问题的。这些协议是专为各方集合规模相似的情况而设计的。当在非平衡的设置中使用时，这些协议对较大集合至少产生线性通信复杂性，特别是在带宽受限的网络环境中，性能显著下降。为了解决上述问题，本书的贡献可以总结如下。

**1.** 本书提出了一个新的技术，不经意键值检索，能够在保护隐私情况下，从键值对中检索需要的元素。

**2.** 基于上述技术，本书提出了一个高效的非平衡circuit-PSI协议SecUCPSI。该协议与较大集合规模呈亚线性关系的通信开销，可以被直接应用于训练数据对齐，实现高机密性保护。

**3.** 本书在统一的框架中实现了所提协议以及现有最先进的circuit-PSI协议。对比现有的先进协议，本书协议在通信开销和运行时间上都实现了大幅提高。

## 3.2 威胁模型

本书研究保护隐私的训练数据对齐，方案包括用户和云服务器两个实体，具体如下。

**1. 云服务器**：云服务器持有一个大的训练数据集，接收用户的数据对齐请求，获得对齐结果的秘密分享。

**2. 用户**：用户持有一个小的训练数据集，向云服务器请求数据对齐服务，获得对齐结果的秘密分享。

类似于现有的保护隐私的深度学习训练方案[5,110]，SecUCPSI假设诚实但好奇的概率多项式敌手。具体而言，敌手可以攻击云服务器或用户，在严格地遵守协议流程的前提下,通过分析接收的消息,尝试推断另一个诚实实体的隐私信息。基于上述的敌手假设,SecUCPSI 的主要目标是保护整个数据对齐中云服务器和用户的训练数据隐私。

## 3.3 保护隐私的非平衡场景训练数据对齐方案

本章首先介绍保护隐私的键值对检索技术,随后基于该技术给出保护隐私的非平衡数据对齐方案。

### 3.3.1 保护隐私的键值对检索协议

#### 3.3.1.1 稀疏的不经意键值存储

本节提出稀疏的不经意键值存储(sparse OKVS),即将稀疏性融入第 2.3.2 节介绍的 OKVS 中。下面给出正式的定义。

**定义 3.1** 给定一个 OKVS,如果下述两个条件成立,则称该 OKVS 是稀疏的。

(1) $\text{Encode}_H$ 的输出 $D$ 可以结构化为 $D = D_0 \| D_1$,其中 $|D_0| = \omega(|D_1|)$;

(2) 对于任意 $k$,$\text{Decode}_H(D, k) := \langle l(k) \| r(k), D_0 \| D_1 \rangle$,其中两个映射 $l, r$ 由 $H$ 定义,使得 $l: K \to \{0, 1\}^{|D_0|}$ 输出一个具有常数权重 $\alpha$ 的稀疏二进制向量,$r: K \to \{0, 1\}^{|D_1|}$ 输出一个稠密二进制向量。

换句话说,稀疏性允许 Decode 仅访问维度较大的 $D_0$ 中的常数个元素,以及维度较小的 $D_1$ 中的任意个元素。因此,本节将 $D_0$ 和 $D_1$ 分别称为稀疏部分和稠密部分。此外,sparse OKVS 的正确性和双重不经意性遵循第 2.3.2 节中 OKVS 的性质。为了方便概念构造,本节使用 $\alpha$ 个映射 $\{l_i: K \to$

$[|D_0|]\}_{i\in[\alpha]}$ 来等价地表示映射 $l: K \rightarrow \{0, 1\}^{|D_0|}$,即 $\{l_i\}_{i\in[\alpha]}$ 的输出是映射 $l$ 的输出中的 $\alpha$ 个非零位置。需要强调的是,稀疏性是极其重要的,该性质将被用于后续的不经意键值检索协议构造。

与 OKVS[21] 相比,本节提出的 sparse OKVS 具有以下技术优势。具体而言,sparse OKVS 将键值对编码成一个紧凑表示,以便在维度较大的稀疏部分上以常数次访问进行高效检索。对于非平衡环境下的应用来说,这是一个重要属性。然而,目前许多 OKVS[21] 协议,例如基于多项式和随机矩阵的解决方案,不具备这种属性。在 sparse OKVS 的基础上,第 3.3.2 节中提供的非平衡数据对齐技术能够实现与较大数据集呈亚线性通信。

**实例化 sparse OKVS**。在给出符合对 sparse OKVS 定义的实例之前,需要注意的是,目前许多 OKVS 实例并不符合这一标准。具体来说,在基于多项式或随机矩阵的 OKVS 实例[21,84]中,Decode 需要访问 Encode 输出的所有位置。此外,虽然 RB-OKVS[20] 和 Garbled Bloom Filter(GBF)[30] 满足 sparse OKVS 的定义,但它们需要访问 Encode 输出中的 $O(\lambda)$ 个位置,其中,$\lambda$ 为统计安全参数,这会影响后续协议构造的性能。

本节使用 Garbled Cuckoo Table(GCT)[21,84] 来实例化 sparse OKVS。在 GCT 中,由 $n$ 个键值对组成的集合被编码成一个向量,表示为 $D_0 \| D_1$,其中稀疏部分 $D_0$ 的大小为 $s = O(n)$,同时稠密部分 $D_1$ 仅包含 $d = \lambda + O(\log n)$ 个数据项($d$ 是非常小的)。一般来说,对于一个键值对集合 $L = \{(k_1, v_1), \cdots, (k_n, v_n)\}$,编码算法根据键 $k_1, \cdots, k_n$ 构造一个矩阵 $A$,其中 $A$ 的第 $i$ 行等同于 $l(k_i) \| r(k_i)$,其中映射 $l: \{0, 1\}^* \rightarrow \{0, 1\}^s$ 的输出一个具有常数权重 $\alpha$,同时映射 $r: \{0, 1\}^* \rightarrow \{0, 1\}^d$。此处,$l$ 可以由 $\{l_i: \{0, 1\}^* \rightarrow [s]\}_{i\in[\alpha]}$ 表示,其中 $\alpha$ 是一个小常数(例如,2 或 3)。换句话说,$l(k)$ 只在 $\alpha$ 个位置上为 1,即 $l_1(k), \cdots, l_\alpha(k)$。因此,该实例满足上述定义的稀疏性质。输出 $D_0 \| D_1$ 满足 $A \cdot (D_0 \| D_1)^T = (v_1, \cdots, v_n)$。目前有几种新颖的方法可用来求解这个等式,如 Cuckoo 图技术[21,84]。

### 3.3.1.2 不经意键值检索

本节提出了一个新的理想函数,称为不经意键值检索(OKVR),定义如算法 3-1 所示。

**算法 3-1**　不经意键值检索理想函数 $F_{OKVR}$

**参数**:用户 C 和云服务器 S。C 和 S 的输入大小分别为 $t$ 和 $n$,其中 $n \gg t$。C 的输出大小为 $t$。键空间 $K$ 和值空间 $V$。

1. 等待来自 C 的一组输入键 $Q = \{q_1, \cdots, q_t\} \in K^t$;
2. 等待来自 S 的一组输入键值对 $L = \{(k_1, v_1), \cdots, (k_n, v_n)\} \in (K \times V)^n$;
3. 将 $Z := \{z_1, \cdots, z_t\} \in V^t$ 输出给 C,其中如果 $q_i = k_j$ 且 $(k_j, v_j) \in L$,则有 $z_i = v_j$,否则 $z_i$ 从 $V$ 中均匀采样。

通常来说,云服务器具有大量的键值对 $L = \{(k_1, v_1), \cdots, (k_n, v_n)\}$,而用户仅持有一小部分键 $Q = \{q_1, \cdots, q_t\}$,其中 $n \gg t$。对于 $Q$ 中的每个 $q_i$,如果 $q_i = k_j$ 并且 $(k_j, v_j) \in L$,则用户希望获得相应的值 $v_j$,否则获得一个均匀采样的随机值。协议执行后,两方都不应获得其他任何额外信息。具体来说,云服务器不应该获得被检索值的信息,用户不应该获得云服务器集合中的其他键值对。此外,如果云服务器键值对集合中的值是均匀随机采样的,那么用户甚至不知道查询是否在云服务器的键值对集合中。

与上述理想函数类似的另一个理想函数叫作批处理不经意可编程伪随机函数(B-OPPRF)[14]。OKVR 与 B-OPPRF 之间的主要区别分析如下。①与 B-OPPRF 不同,本章特别关注非平衡数据设置,并旨在实现在较大数据上的亚线性通信。②B-OPPRF 中的值需要特定的分布(例如,相关但均匀分布),而本节提出的 OKVR 理想函数能够支持任意分布。考虑到这些特性,OKVR 本身的构造可能有更多的应用场景,比如用于用户-云服务器设置中的键值检索场景,以确保双方的隐私。此外,值得注意的是,本节提出的 OKVR 可以被视为对称的关键字 PIR 的批处理变体[111],但两者存在以下差异：当查询不在键值对中时，本节的 OKVR 需要回复一个随机值，而对称关键字 PIR 则返回一个特殊符号来表示此情况。下面，本节提供了 OKVR 的高效构造，该构造建立在第 3.3.1.1 节中给出的 sparse OKVS 之上，并利用其稀疏性来提高构造效率。

**构造** OKVR。算法 3-2 中给出了基于 sparse OKVS 技术的 OKVR 构建协议，该协议在云服务器的大集合上实现了亚线性通信复杂度。OKVR 协议的核心思想是，云服务器首先利用 sparseOKVS 技术将键值对 $L = \{(k_1, v_1), \cdots, (k_n, v_n)\}$ 编码为一个紧凑的向量 $D_0 \| D_1$。随后，用户使用批处理隐私信息检索（BatchPIR）协议[87,88]从向量 $D_0 \| D_1$ 中秘密检索出所需的数据项，用于计算查询 $Q = \{q_1, \cdots, q_t\}$ 的相应值。注意，与隐私信息检索（PIR）相比，BatchPIR 在执行批量检索时具有更低的通信和计算开销。需要强调的是，上述操作需要 $t \cdot (\alpha + |D_1|)$ 个 PIR 查询，其中 $\alpha$ 是用于解码稀疏部分 $D_0$ 所需的访问次数。对于稠密部分 $D_1$ 的大量 PIR 查询将损害此解决方案的开销，例如在 GCT[21]上，有 $|D_1| = \lambda + O(\log n)$。

为进一步提高性能，本节利用 sparse OKVS 技术的稀疏性提出了一种混合 PIR 策略。即解码过程仅需要从维度大的稀疏部分 $D_0$ 访问常数 $\alpha$ 个位置，同时从维度小的稠密部分 $D_1$ 访问大量的位置。在提供的混合 PIR 策略中，用户和云服务器仅需在 $D_0$ 上调用 PIR，而 $D_1$ 则由云服务器直接发送给用户。因此，这种策略总共需要 $\alpha \cdot t$ 个 PIR 查询，与上文的 BatchPIR 构造相比，节省了 $t \cdot |D_1|$ 次 PIR 调用。

此外，为了隐藏云服务器拥有的键值对集合 $L$ 的信息，本节还调用了一个多点不经意伪随机函数（mpOPRF）协议[91]。该协议从用户处接收查询 $Q = \{q_1, \cdots, q_t\}$，从云服务器处接收伪随机函数密钥 $k$，并且对于 $Q$ 中的每个 $q_i$，返回 $F(k, q_i)$ 给用户。本节构造让云服务器在利用伪随机函数隐藏的键值对上计算 $D_0 \| D_1$，表示为 $L' = \{(k_i, v_i + F(k, k_i))\}_{i \in [n]}$。在 PIR 执行结束后，用户可以使用 $\{F(k, q_i)\}_{i \in [t]}$ 解码检索到的数据项，以获取所需的值。

本节对提供的 OKVR 协议的渐近通信复杂度进行了分析，包括以下三个部分：①mpOPRF 协议需要 $O(t)$ 的通信开销；②对于 $D_0$ 上的 $\alpha \cdot t$ 个 PIR 查询，根据 PIR 方案实例化的不同[87,88,112]，消耗 $O(t \cdot n)$ 或 $O(t \cdot \log n)$ 的通信开销；③以 GCT 为例，发送 $D_1$ 需要 $\lambda + O(\log n)$ 的通信开销。因此，OKVR 的渐近通信开销随着云服务器集合大小 $n$ 的增长呈亚线性变化。

**算法 3-2** 不经意键值检索协议

**参数**：用户 C 和云服务器 S；算法 2-1 中的理想函数 $F_{\mathrm{mpOPRF}}$，其中 $F: \{0, 1\}^k \times \{0, 1\}^* \to F$；一个 sparseOKVS 方案（$\mathrm{Encode}_H$，$\mathrm{Decode}_H$），其键与值的空间分别为 $K = \{0, 1\}^*$ 和 $V = F$，$H$ 包含 $\alpha + 1$ 个随机映射 $\{l_i: \{0, 1\}^* \to [s]\}_{i \in [\alpha]}$ 和 $r: \{0, 1\}^* \to \{0, 1\}^d$；一个 BatchPIR 方案（Query, Response, Extract）。

**输入**：C 输入一组键 $Q = \{q_1, \cdots, q_t\} \in (\{0, 1\}^*)^t$。S 输入一组键值对 $L = \{(k_1, v_1), \cdots, (k_n, v_n)\} \in (\{0, 1\}^* \times F)^n$。

**输出**：C 输出 $z_1, \cdots, z_t$。

1. C 和 S 调用理想函数 $F_{\mathrm{mpOPRF}}$，其中 C 充当接收者，输入为 $Q$，S 充当发送者，输入为 $k \leftarrow \{0, 1\}^k$。该理想函数返回 $Q' := \{q_1', \cdots, q_t'\}$ 给 C，其中对于 $i \in [t]$，有 $q_i' := F(k, q_i) \in F$；

2. S 调用 sparse OKVS 计算 $D_0 \| D_1 := \mathrm{Encode}_H(L') \in F^s \times F^d$，其中 $L' := \{(k_1, v_1 + F(k, k_1)), \cdots, (k_n, v_n + F(k, k_n))\}$；

3. C 计算一个大小为 $\alpha t$ 的集合 $I := \{l_j(q_i)\}_{i \in [t], j \in [\alpha]}$。当发生碰撞时，$I$ 需要填充不同的值，使得集合大小达到 $\alpha t$。C 执行 BatchPIR 中的 $\mathrm{Query}(I) \to (qu, st)$，并将 $qu$ 发送给 S；

4. S 在稀疏部分 $D_0$ 上执行 $\mathrm{Response}(D_0, qu) \to res$，并将 $res$ 发送给 C。并行地，S 将稠密部分 $D_1$ 发送给 C；

5. C 调用 $\mathrm{Extract}(st, res)$，获得 $\{D_0[l_j(q_i)]\}_{i \in [t], j \in [\alpha]}$。

6. C 计算并输出 $Z := \{z_1, \cdots, z_t\}$，其中 $z_i := \mathrm{Decode}_H(D_0 \| D_1, q_i') - q_i'$，另外，$\mathrm{Decode}_H(D_0 \| D_1, q_i) := \sum_{j \in [\alpha]} D_0[l_j(q_i)] + \langle r(q_i), D_1 \rangle$。

### 3.3.2 保护隐私的非平衡数据对齐协议

本节在算法 3-3 中形式化定义了通用的非平衡的电路隐私集合求交的理想函数。该理想函数能够直接被用于保护隐私的非平衡数据对齐。因此，在下文中主要关注非平衡的电路隐私集合求交。该理想函数与现有工作[14,18]是类似的，但特别关注了非平衡设置。一般来说，它允许用户输入一个大小为 $t$ 的小集合 $X$，并允许服务器输入一个大小为 $n$ 的大集合 $Y$，其中 $n\gg t$。协议对两个集合进行求交运算，最后，两个参与方将学习到 $X$ 中的数据是否为交集中的元素。需要注意的是，该输出结果是秘密分享的形式，两方都无法获得明文交集信息。这些秘密分享的输出以及 $X$ 可以用于后续的任何安全计算任务中[28,113]。

**1. 构造非平衡的电路隐私集合求交协议**。算法 3-4 给出了基于 OKVR 构建非平衡的电路隐私集合求交的方法。需要强调的是，本节提供的构造与现有工作[14,16,18,19]的主要区别在于，它在较大的数据集合上实现了亚线性的通信复杂度。下面，本节首先通过基于上文介绍的 OKVR 理想函数构建一个基础方案，来说明协议的主要思想，随后给出一个优化版本，该版本使用定制化的无填充 OKVR 技术进行实现。

**算法 3-3** 非平衡的电路隐私集合求交理想函数 $F_{\text{UCPSI}}$

    **参数**：用户 C 和云服务器 S。C 和 S 的输入大小分别为 $t$ 和 $n$，其中 $n\gg t$，输出大小 $m=(1+\varepsilon)\cdot t$，其中常数 $\varepsilon>0$。一个函数 Reorder：$(\{0,1\}^*)^t\to(\pi:[t]\to[m])$，其在输入一个大小为 $t$ 的集合时，输出一个单射映射 $\pi$。

1. 等待来自 C 的一个集合输入 $X=\{x_1,\cdots,x_t\}\in(\{0,1\}^*)^t$；
2. 等待来自 S 的一个集合输入 $Y=\{y_1,\cdots,y_n\}\in(\{0,1\}^*)^n$；
3. 计算 $\pi\leftarrow\text{Reorder}(X)$；
4. 对于 $i\in[m]$，从均匀分布中采样 $\langle b_i\rangle_0^B,\langle b_i\rangle_1^B\in\{0,1\}$，使得当存在 $x_i{}'\in X$ 且 $y_j\in Y$ 满足 $x_i{}'=y_j$ 时，$\langle b_i\rangle_0^B\oplus\langle b_i\rangle_1^B=1$，否则 $\langle b_i\rangle_0^B\oplus\langle b_i\rangle_1^B=0$；
5. 将 $(\{\langle b_i\rangle_0^B\}_{i\in[m]},\pi)$ 输出给 C，并将 $\{\langle b_i\rangle_1^B\}_{i\in[m]}$ 输出给 S。

**算法 3-4** 非平衡的电路隐私集合求交协议

**参数**：用户 C 和云服务器 S；在布谷鸟哈希中使用的 $\beta$ 个哈希函数 $\{h_i: \{0, 1\}^* \to [m]\}_{i \in [\beta]}$，其中 $m = (1+\varepsilon) \cdot t$，$\varepsilon > 0$ 是一个常数；算法 3-5 中的理想函数 $F_{EQ}$，其中输入比特长度为 $\ell := \lambda + \log m$；算法 3-1 中的理想函数 $F_{OKVR}$。

**输入**：C 输入一个数据集合 $X = \{x_1, \cdots, x_t\} \in (\{0,1\}^*)^t$。S 输入一个数据集合 $Y = \{y_1, \cdots, y_n\} \in (\{0,1\}^*)^n$。

**输出**：C 和 S 输出 $\langle b_i \rangle^B$，其中 $i \in [m]$。

1. C 将 $X$ 映射到包含 $m$ 个槽的布谷鸟哈希表 $T_X$，使得对于任意 $x \in X$，存在一个 $j \in [\beta]$ 满足 $T_X[h_j(x)] = x \| j$。定义一个函数 $\pi: [t] \to [m]$，将 $X$ 中的元素索引映射到 $T_X$ 中的位置，即 $\pi(i) = h_j(x_i)$，使得 $T_X[h_j(x_i)] = x_i \| j$；

2. S 将 $Y$ 映射到一个包含 $m$ 个槽的简单哈希表 $T_Y$，使得对于任意 $y \in Y$ 和所有的 $j \in [\beta]$，都有 $y \| j \in T_Y[h_j(y)]$；

3. 对于 $i \in [m]$，S 随机采样 $r_i \in \{0,1\}^\ell$，并且对于所有 $y' \in T_Y[i]$，定义 $P_i := \{(y', r_i)\}$；

4. C 和 S 调用理想函数 $F_{OKVR}$，其中输入分别为 $\{T_X[\pi(i)]\}_{i \in [t]}$ 和 $\{P_i\}_{i \in [m]}$；

5. C 初始化一个空集 $R^* := \{r_1^*, \cdots, r_m^*\}$，并将理想函数 $F_{OKVR}$ 的输出分配给 $\{r_{\pi(i)}^*\}_{i \in [t]}$。对于每个 $j \in [m] \setminus \{\pi(i)\}_{i \in [t]}$，$r_j^*$ 均从 $\{0,1\}^\ell$ 中均匀采样；

6. 对于 $i \in [m]$，C 和 S 调用理想函数 $F_{EQ}$，其中输入分别为 $r_i^*$ 和 $r_i$。最终，C 和 S 分别学习到布尔分享 $\langle b_i \rangle_0^B$ 和 $\langle b_i \rangle_1^B$，其中如果 $r_i^* = r_i$，则有 $b_i = 1$，否则 $b_i = 0$。

**2. 基础构造**。遵循现有工作的设置，本节提供的保护隐私的非平衡数据对齐协议利用了哈希分桶技术[11,14]。该技术能够将对数据集合中所有项的交集评估减少到仅在具有较少数据项的桶上执行交集评估。基础构造包含以下三个步骤。

（1）哈希分桶。哈希分桶技术采用了布谷鸟哈希[92]和简单哈希，具体操作如下。一方面，对于一个大小为 $t$ 的数据集合 $X$，用户构建一个大小为 $m = (1+\varepsilon) \cdot t$ 的布谷鸟哈希表 $T_X$，其中使用了 $\beta$ 个哈希函数 $h_1, \cdots, h_\beta$：$\{0,1\}^* \to [m]$，此处的 $\varepsilon > 0$ 是一个常数。该构建确保了对于每个 $x_i \in X$，$x_i \| j$ 都被存储在 $T_X[h_j(x_i)]$ 中的某个位置上，其中 $j \in [\beta]$。由于 $m > t$，因此表 $T_X$ 中会存在一些空槽。这些空槽需要用虚拟项进行填充，这些虚拟项被标记为 $\perp$。

另一方面，云服务器使用与上述相同的哈希函数构建了一个大小为 $m$ 的简单哈希表 $T_Y$。具体来说，给出一个大小为 $n$ 的集合 $Y$，对于每个 $y_i \in Y$ 和 $j \in [\beta]$，该表将 $y_i \| j$ 存储在 $T_Y[h_j(y_i)]$ 表示的所有位置上。在表 $T_Y$ 中，每个槽可能包含多个项。值得注意的是，现有工作[24,28]会将所有槽使用虚拟项填充到预定义的最大大小。与这些工作不同，本节构造不需要进行填充，因为本节协议将把表 $T_Y$ 中所有槽内的数据项组合成一个单一的集合，供后续步骤使用。显然，表 $T_Y$ 中所有槽内的数据项的总数是固定的，即 $\beta_n$。

（2）OKVR。由于用户和云服务器在哈希分桶中使用了相同的哈希函数，因此本节的方案构造仅需检查用户放置在一个槽中的数据项是否与服务器放置在该槽中的所有数据项之一相匹配。本节采用上文提供的 OKVR 来完成这一功能。具体来说，对于第 $i$ 个槽位，云服务器随机采样一个值 $r_i$，并对每个 $y' \in T_Y[i]$，都构造一个键值对集合 $P_i := \{(y', r_i)\}$。用户和云服务器分别使用输入 $T_X$ 和 $\{P_i\}_{i \in [m]}$ 调用上文提供的 OKVR 协议。协议结束后，用户获得 $m$ 个 $r_i^*$，其中 $i \in [m]$。注意，$r_i^*$ 是均匀随机的，因为针对 $T_Y$ 的每个槽中，用户只查询一次。

（3）安全的相等性测试。在该步骤中，用户和云服务器检查 $r_i = r_i^*$ 是否成立，并计算布尔秘密分享 $b_i$ 来指示用户拥有的数据集合中第 $i$ 个元素是否存在于云服务器的数据集合中。这一操作是通过算法 3-5 中的安全相等

性测试理想函数 $F_{EQ}$ 实现的。在本章关注的非平衡情况下，这一操作只会引入微小的开销，因为协议仅需要 $O(t)$ 次调用该理想函数，其中 $t \ll n$。

**算法 3-5**　相等性测试理想函数 $F_{EQ}$

**参数**：用户 C 和云服务器 S。

(1) 等待来自 C 的输入 $x \in \{0, 1\}^{\ell}$

(2) 等待来自 S 的输入 $y \in \{0, 1\}^{\ell}$

(3) 从 $\{0, 1\}$ 中均匀随机采样 $\langle b \rangle_0^B$ 和 $\langle b \rangle_1^B$，其中 $b := 1\{x = y\}$；

(4) 将 $\langle b \rangle_0^B$ 和 $\langle b \rangle_1^B$ 输出给 C 和 S。

**3. 使用无填充的 OKVR 进行优化**。上述基础构造中的主要开销源自 OKVR 步骤，它需要在云服务器的数据集 $\{P_i\}_{i \in [m]}$ 上进行 $m = (1 + \varepsilon) \cdot t$ 次 BatchPIR 查询。为了降低该开销，本节进一步提出了无填充的 OKVR，以达到只消耗 $t$ 次 BatchPIR 查询的目的。需要强调的是，$\varepsilon$ 通常被设置为 0.27，因此上述优化有效降低了开销。

该优化协议的主要思想在于，当在云服务器的键集中找不到用户查询时，OKVR 输出一个随机值，这实际上就是表 $T_X$ 中填充虚拟项 $\bot$ 的情况。具体来说，在进行 BatchPIR 查询之前，用户已经知道这些虚拟项 $\bot$ 不在交集的集合中，因此根据 OKVR 的功能，用户将会获得一个随机的 $r_i^*$。基于上述思想，本节提出了一种有效的无填充策略来调用 OKVR。具体来说，让 $\pi: [t] \rightarrow [m]$ 成为一个单向映射，用来将数据集 X 中的元素索引映射到表 $T_X$ 中的位置，即 $\pi(i) = h_j(x_i)$，使得 $T_X[h_j(x_i)] = x_i \| j$。然后，用户仅使用 $\{T_X[\pi(i)]\}_{i \in [t]}$ 调用理想函数 FOKVR 并学习 $\{r_{\pi i}^*\}_{i \in [t]}$，其中，对于 $j \in [m] \setminus \{\pi(i)\}_{i \in [t]}$，$r_j^*$ 由用户从 $\{0, 1\}^{\ell}$ 中均匀采样。使用上述协议的一个可能质疑是，该协议是否向云服务器泄露了用户端构建的布谷鸟哈希表的映射。该映射是由用户端的隐私数据集决定的，如果被泄露将严重损害用户隐私。这种情况并不会发生，因为用户将所有查询合并成一个批量以在单个数据集上执行 BatchPIR，该数据集由云服务器构建的表中所有槽的键值对组成。算法 3-4 中详细描述了本节隐私保护的非平衡隐私集合求交协议。

## 3.4 安全性证明

本节首先分析 OKVR 协议的安全性，然后分析非平衡电路隐私集合求交协议的安全性。

**定理 3.2** 在半诚实敌手存在的情况下，给出一个具有用户查询隐私性的 BatchPIR 方案和 sparse OKVS 方案，在 $F_{\text{mpOPRF}}$-混合模型中，算法 3-2 给出的协议安全地实现了算法 3-1 中的理想函数 $F_{\text{OKVR}}$。

**证明**：首先分析算法 3-2 中协议的正确性，接着给出正式的安全性分析。

**1. 正确性**。对于正确性分析，存在以下两种情况。

（1）当 $q_i \in \{k_1, \cdots, k_n\}$ 且 $q_i = k_j$ 时，根据 mpOPRF、sparseOKVS 和 BatchPIR 的正确性，等式 $z_i = \text{Decode}_H(D_0 \| D_1, q_i) - F(k, q_i) = \text{Decode}_H(D_0 \| D_1, k_j) - F(k, k_j) = v_j$ 成立。

（2）当 $q_i \notin \{k_1, \cdots, k_n\}$ 时，由于底层 PRF 的伪随机性，$z_i = \text{Decode}_H(D_0 \| D_1, q_i) - F(k, q_i)$ 是伪随机的。

**2. 安全性**。本节展示了模拟器 $\text{Sim}_C$ 和 $\text{Sim}_S$，分别用于模拟被攻击的用户 C 和云服务器 S 的视图，并通过标准的混合论证来证明模拟视图与真实视图的不可区分性。<u>被攻击的用户</u>。$\text{Sim}_C(Q, Z)$ 模拟被攻击的用户 C 的视图。具体执行步骤如下。

（1）对于 $i \in [t]$，$\text{Sim}_C$ 均匀采样 $q_i' \leftarrow F$。然后，$\text{Sim}_C$ 调用 mpOPRF 接收方的模拟器 $\text{Sim}_{\text{mpOPRF}}^R(Q, Q')$，其中 $Q' := \{q_1', \cdots, q_t'\}$，并将输出附加到视图中。

（2）$\text{Sim}_C$ 均匀采样 $D_0 \| D_1 \leftarrow F^s \times F^d$，使得对于 $q_i \in [Q]$，有 $\text{Decode}(D_0 \| D_1, q_i) = z_i + q_i'$，其中 $q_i' \in Q'$。此外，$\text{Sim}_C$ 按照真实协议执行生成

$qu$ 并计算 Response($D_0$, $qu$)→$res$，并将 $res$ 和 $D_1$ 附加到视图中。

$\text{Sim}_C$ 输出的视图与真实视图是不可区分的。首先，定义三个混合视图 $T_0$，$T_1$，$T_2$，其中 $T_0$ 是 C 的真实视图，而 $T_2$ 是 $\text{Sim}_C$ 的输出。三个混合视图分别包含以下内容。

①混合 0：第一个混合视图是算法 3-2 中描述的真实交互过程。此处，一个诚实的 S 使用真实输入与被攻击的 C 进行交互。令 $T_0$ 表示 C 的真实视图。

②混合 1：令此处视图 $T_1$ 与 $T_0$ 相同，除了 mpOPRF 的执行被替换为其接收方的模拟器 $\text{Sim}_{\text{mpOPRF}}^R(Q, Q')$，其中 $Q'$ 包含 $t$ 个元素 $\{q_1', \cdots, q_t'\}$，每个元素都是从 F 均匀采样得到的。mpOPRF 的安全性和底层 PRF 的伪随机性保证了视图 $T_1$ 与 $T_0$ 不可区分。

③混合 2：令此处视图 $T_2$ 与 $T_1$ 相同，除了 $D_0 \parallel D_1$ 是从 $F^s \times F^d$ 中均匀采样得到的。该采样满足对于 $q_i \in Q$，都有 Decode($D_0 \parallel D_1$, $q_i$) = $z_i + q_i'$，其中 $q_i' \in Q'$。此外，$\text{Sim}_C$ 按照真实协议生成 $qu$，并且 Response($D_0$, $qu$)→$res$ 在 $\text{Sim}_C$ 中本地执行。由于 sparse OKVS 的双重不经意性，模拟的 $D_0 \parallel D_1$ 与真实协议中的分布相同。因此，$D_0 \parallel D_1$ 的两个分布都满足约束 Decode($D_0 \parallel D_1$, $q_i$) = $z_i + q_i'$ 下的随机均匀性。因此，视图 $T_2$ 与 $T_1$ 是统计不可区分的。当前混合视图恰好是模拟器输出的视图。

<u>被攻击的云服务器。</u>$\text{Sim}_S(L, \perp)$ 模拟被攻击的云服务器 S 的视图。具体执行步骤如下。

(1) $\text{Sim}_S$ 生成一个随机密钥 $k$。然后，$\text{Sim}_S$ 调用 mpOPRF 发送方的模拟器 $\text{Sim}_{\text{mpOPRF}}^S(k, \perp)$ 并将输出附加到视图中。

(2) $\text{Sim}_S$ 均匀采样 $I = \{i_1, \cdots, i_{\alpha t}\} \leftarrow [s]^{\alpha t}$，其中采样的元素不重复。SimS 调用 Query($I$)→($qu$, $st$)，并将 $qu$ 附加到视图中。

本节认为 $\text{Sim}_S$ 输出的视图与真实视图是不可区分的。首先，定义三个混合视图 $T_0$，$T_1$，$T_2$，其中 $T_0$ 是 S 的真实视图，而 $T_2$ 是 $\text{Sim}_S$ 的输出。三个混合视图分别包含以下内容。

①混合 0：第一个混合是算法 3-2 中描述的真实交互过程。此处，一个诚实的 C 使用真实输入与被攻击的 S 进行交互。令 $T_0$ 表示 S 的真实视图。

②混合 1：令此处视图 $T_1$ 与 $T_0$ 相同，除了 mpOPRF 的执行被替换为其发送方的模拟器 $\text{Sim}_{\text{mpOPRF}}^{S}(k, \bot)$，其中 $k$ 由 $\text{Sim}_S$ 通过均匀采样得到。mpOPRF 的安全性保证了视图 $T_1$ 与 $T_0$ 不可区分。

③混合 2：令此处视图 $T_2$ 与 $T_1$ 相同，除了查询索引集 $I$ 被均匀采样的元素 $i_1, \cdots, i_{\alpha t} \in [n]^{\alpha t}$ 替换，这些均匀采样的元素之间互不相同。基于 BatchPIR 方案的用户查询隐私性，视图 $T_2$ 与 $T_1$ 是计算不可区分的。具体来说，如果存在一个区分器 $D$ 可以以不可忽略的概率区分视图 $T_1$ 和 $T_2$，那么便可构建一个概率多项式时间的敌手 A，使用以下方式来打破 BatchPIR 方案的用户查询隐私性。A 向挑战者发送 $I_0$ 和 $I_1$ 作为挑战消息，其中 $I_0$ 是使用 C 的真实输入生成的查询索引，$I_1$ 是均匀随机采样的。然后，A 从挑战者处接收查询密文 $\text{Query}(I_b) \to qu$，其中 $b$ 是均匀随机采样的。接下来，除了 BatchPIR 之外，A 充当混合 1 中的 C 角色，与被攻击的 S 执行协议。最后，A 使用上述交互中 S 的视图调用 D 并输出 D 的输出。请注意，如果 $qu \leftarrow \text{Query}(I_0)$，那么被攻击的 S 的视图恰好是 $T_1$。如果 $qu \leftarrow \text{Query}(I_1)$，则得到的视图对应于 $T_2$。因此，A 与 D 以相同优势打破 BatchPIR 的用户查询隐私性。

综上所述，算法 3-2 给出的协议安全地实现了算法 3-1 中的理想函数 FOKVR。

下面，分析非平衡电路隐私集合求交协议的安全性。

**定理 3.3** 在半诚实敌手存在的情况下，在 $(F_{\text{OKVR}}, F_{\text{EQ}})$-混合模型中，算法 3-4 给出的协议安全地实现了算法 3-3 中的理想函数 $F_{\text{UCPSI}}$。

证明：首先分析算法 3-4 中协议的正确性，接着给出正式的安全性分析。

**1. 正确性**。对于正确性分析，存在以下三种情况。

(1) 当 $x \in X \cap Y$ 时，根据布谷鸟哈希的统计分析，存在一个唯一的 $j$，

使得下述三个等式，$T_X[h_j(x)] = x \| j$，$y \| j \in T_Y[h_j(y)]$，$x = y$，成立。根据 OKVR 的正确性，当 S 采样 $r$ 时，C 将获得 $r*$，使得 $r* = r$。根据 EQ 的正确性，C 和 S 获得了 $b = 1$ 的秘密分享。

(2) 当 $x \in X \setminus Y$ 时，存在一个唯一的 $j$，使得 $T_X[h_j(x)] = x \| j$，但 $T_X[h_j(x)] \notin T_Y[h_j(x)]$。根据 OKVR 的正确性，C 将获得一个随机的 $r*$。此时可能会发生碰撞破坏正确性，即 $r* = r \wedge x \notin Y$。每个桶中的误报概率等于 $2^{-\ell}$。通过设置 $\ell = \lambda + \log m$，联合概率界限表明总体误报概率为 $2^{-\lambda}$，这是可忽略的。由于 $r* \neq r$ 的概率极高，并且基于 EQ 的正确性，C 和 S 获得了 $b = 0$ 的秘密分享。

(3) 当为虚拟项时，C 直接均匀采样 $r*$。正确性与第二种情况相同。

**2. 安全性**。本节展示了模拟器 $\text{Sim}_C$ 和 $\text{Sim}_S$，分别用于模拟被攻击的用户 C 和云服务器 S 的视图，并通过标准的混合论证来证明模拟视图与真实视图的不可区分性。<u>被攻击的用户</u>。$\text{Sim}_C(X, (\pi, \{b_i\}_0^B)_{i \in [m]})$ 模拟被攻击的用户 C 的视图。具体执行步骤如下：

(1) $\text{Sim}_C$ 均匀采样 $R* := \{r*_1, \cdots, r*_m\}$，并调用 OKVR 的用户模拟器 $\text{Sim}_{\text{OKVR}}^C(\{T_X[\pi(i)]\}_{i \in [t]}, \{r^*_{\pi(i)}\}_{i \in [t]})$。$\text{Sim}_C$ 将输出附加到视图中。

(2) 对于 $i \in [m]$，$\text{Sim}_C$ 调用 EQ 的用户模拟器 $\text{Sim}_{\text{EQ}}^C(r_i^*, \langle b_i \rangle_0^B)$，其中 $r_i^* \in R*$。

$\text{Sim}_C$ 将输出附加到视图中。

由于底层模拟器的不可区分性，$\text{Sim}_C$ 模拟的视图与真实视图是计算上不可区分的。值得注意的是，尽管在每个键值对集合 $P_i$ 中，所有键对应的值始终是一个均匀随机的 $r_i$，但 OKVR 中用户的输出 $\{r_i^*\}_{i \in [m]}$ 仍然是均匀随机的。原因是根据布谷鸟哈希的性质，对于每个 $P_i$，用户最多只检索一个值。

被攻击的云服务器。$\text{Sim}_S(Y, \{\langle b_i \rangle_1^B\}_{i \in [m]})$ 模拟被攻击的云服务器 S 的视图。具体执行步骤如下。

(1) $\text{Sim}_S$ 均匀采样 $\{r_1, \cdots, r_m\}$，并按照算法 3-4 中的方式生成 $\{P_i\}_{i \in [m]}$。$\text{Sim}_S$ 调用 OKVR 的云服务器模拟器 $\text{Sim}_{\text{OKVR}}^S(\{P_i\}_{i \in [m]}, \perp)$，并将输出附加到视图中。

(2) 对于 $i \in [m]$，$\text{Sim}_S$ 调用 EQ 的云服务器模拟器 $\text{Sim}_{\text{EQ}}^S(r_i, \langle b_i \rangle_1^B)$，其中 $r_i$ 如上述方式采样。$\text{Sim}_S$ 将输出附加到视图中。

通过 OKVR 和 EQ 模拟器的不可区分性，很容易看出 $\text{Sim}_S$ 模拟的视图与真实视图在计算上是无法区分的。

## 3.5 实验

本节首先介绍实验设置，然后展示基础构建块协议的评估性能，最后展示保护隐私非平衡数据对齐方案的评估性能。

### 3.5.1 实验设置

**1. 实验环境设置**。本节使用 Java 实现了提出的保护隐私的非平衡数据对齐协议，并在一台 3.6 GHz 和 128 GB 内存的 Intel Corei9-9900K 处理器上运行实验。所有评估均使用 8 个线程。本节使用 Linux 的 tc 命令模拟网络连接。模拟的网络设置包括局域网 LAN(10 Gbps 带宽和 0.05 ms 延迟)和广域网 WAN(50 Mbps 带宽和 80 ms 延迟)。鉴于 SecUCPSI 专注于非平衡设置，在此设置中，用户可能只具有受限的资源(例如，非常低的带宽)，因此实验还在模拟的移动网络 Mobile 环境中进行了评估（1 Mbps 带宽和 80 ms 延迟）。本节设置计算安全参数 $\kappa = 128$ 和统计安全参数 $\lambda = 40$。类似于现有协议[14,16,19]，本节将云服务器数据集的大小设置为 $2^{20} \sim 2^{22}$。由于本章关注的非平衡数据对齐设置，因此客户端被定义为使用较小的集合，在实验中被设置为 $2^4 \sim 2^{12}$。

**2. 比较基准**。为了展示所提协议的性能，本节将所提协议与目前最先进的平衡设置下的电路隐私集合求交协议（PSTY19[14]、CGS22[16] 和 RR22[19]）和非平衡设置下的电路隐私集合求交协议 SJ23[31] 进行了比较，后者包括两种构造，分别称为 SJ23-C1 和 SJ23-C2。本节测试中所有协议均分成了两个阶段：输入无关的离线阶段和输入相关的在线阶段。本书提出的 SecUCPSI 离线阶段的通信开销主要来自于 BatchPIR 方案，该方案中要将底层同态加密的 Galois 密钥和重线性化密钥发送给云服务器。由于这些密钥与云服务器的数据集无关，因此它们只需发送一次并缓存以供重复的协议执行[23,24]。因此，这种通信开销可以分摊到多个用户请求上。此外，SecUCPSI 有两个构造变体，称为 2-Hash 和 3-Hash，分别表示利用 2-Hash 或者 3-Hash 的 GCT 来实例化本书的 sparseOKVS 方案。

### 3.5.2 基础构建块的性能

本节首先测试了关键构建块 OKVR 的性能。为了展示 OKVR 的可扩展性，表 3-1 展示了 OKVR 在不同数据集大小和网络环境下的通信开销。可以观察到，OKVR 在不同数据集大小下均表现出良好的通信性能。例如，当云服务器数据集大小为 $2^{20}$ 且用户数据集大小为 $2^4$ 时，运行 OKVR 协议的在线通信开销仅为 12.926 MB。即使面对大规模数据集时，例如云服务器数据集大小为 $2^{22}$ 且用户数据集大小为 $2^{12}$，OKVR 协议的在线通信开销也只有

13.041 MB。此外，本节还测试了编码向量的长度，并观察到稠密部分的长度远小于稀疏部分的长度，这与 OVKR 的协议构建一致。

表 3-1 本章 OKVR 协议的通信性能和编码向量长度

| 协议 | 参数 | | 通信/MB | | 编码向量长度 | |
|---|---|---|---|---|---|---|
| | $n$ | $t$ | 离线 | 在线 | 稀疏部分 | 稠密部分 |
| OKVR2-Hash | $2^{20}$ | $2^4$ | 17.875 | 0.672 | 2222080 | 5120 |
| | | $2^8$ | | 1.950 | | |
| | | $2^{12}$ | | 12.924 | | |
| | $2^{22}$ | $2^4$ | 17.875 | 0.789 | 8902656 | 20480 |
| | | $2^8$ | | 3.331 | | |
| | | $2^{12}$ | | 13.041 | | |
| OKVR3-Hash | $2^{20}$ | $2^4$ | 17.875 | 0.656 | 1406976 | 3072 |
| | | $2^8$ | | 2.566 | | |
| | | $2^{12}$ | | 9.750 | | |
| | $2^{22}$ | $2^4$ | 17.875 | 0.726 | 5638144 | 12288 |
| | | $2^8$ | | 2.636 | | |
| | | $2^{12}$ | | 18.664 | | |

表 3-2 展示了 OKVR 在不同数据集大小和网络环境下的计算开销。可以观察到，OKVR 协议在运行时间上也展现出优异的性能。例如，在云服务器数据集大小为 $2^{20}$ 且用户数据集大小为 $2^4$ 的 LAN 设置中，运行 OKVR 协议所需的在线时间仅为 2.804 s。即使是在通信和带宽受限的移动网络环境下，该数据集设置下 OKVR 的在线运行时间也只有 9.088 s。当云服务器和用户持有的数据集变大时，例如云服务器数据集大小为 $2^{22}$ 且用户数据集大小为 $2^{12}$，OKVR 协议在不同网络环境下均具有令人满意的计算性能，在线运行时间仅需 5.866~163.956 s。此外，可以观察到，非平衡情况越明显，OKVR 协议的性能越好。这说明本书协议完全贴合非平衡数据对齐的场景设置。

表 3-2 本章 OKVR 协议的计算性能

| 协议 | 参数 | | LAN/s | | WAN/s | | Mobile/s | |
|---|---|---|---|---|---|---|---|---|
| | $n$ | $t$ | 离线 | 在线 | 离线 | 在线 | 离线 | 在线 |
| OKVR 2-Hash | $2^{20}$ | $2^4$ | 34.465 | 5.968 | 37.999 | 6.460 | 184.990 | 12.373 |
| | | $2^8$ | 45.037 | 1.578 | 48.936 | 2.338 | 195.781 | 18.729 |
| | | $2^{12}$ | 103.210 | 3.681 | 106.693 | 6.874 | 254.439 | 113.133 |
| | $2^{22}$ | $2^4$ | 97.594 | 9.414 | 98.013 | 9.667 | 243.289 | 16.110 |
| | | $2^8$ | 126.995 | 2.320 | 129.698 | 3.384 | 277.929 | 31.115 |
| | | $2^{12}$ | 324.424 | 5.999 | 332.950 | 9.313 | 484.606 | 116.570 |
| OKVR 3-Hash | $2^{20}$ | $2^4$ | 22.724 | 2.804 | 26.462 | 3.345 | 218.303 | 10.949 |
| | | $2^8$ | 33.377 | 1.094 | 36.544 | 2.046 | 280.235 | 25.437 |
| | | $2^{12}$ | 108.453 | 4.126 | 109.869 | 6.709 | 400.932 | 163.956 |
| | $2^{22}$ | $2^4$ | 67.583 | 4.336 | 74.997 | 5.054 | 173.364 | 9.088 |
| | | $2^8$ | 131.976 | 2.690 | 145.952 | 3.414 | 184.136 | 23.381 |
| | | $2^{12}$ | 217.321 | 5.866 | 287.687 | 10.726 | 258.608 | 86.654 |

### 3.5.3 保护隐私的非平衡训练数据对齐方案的性能

**1. 通信性能对比。** 表 3-3 中展示了本书提供的 SecUCPSI 方案与目前最先进的平衡的电路隐私集合求交技术，即 PSTY19、CGS22 和 RR22 在通信性能上的比较结果。可以观察到，SecUCPSI 实现了最低的在线通信开销。具体来说，通信性能优于现有工作 1.84～48.86 倍。此外，当用户和云服务器的数据集合大小差异显著时，SecUCPSI 表现出更大的优势。另外，与 SJ23 相比，在极不平衡的情况下，例如用户端数据集大小为 $2^4$ 和 $2^8$ 时，SecUCPSI 的通信性能相较于 SJ23 中两种构造提升了 1.18～15.99 倍。当用户端数据集大小为 $2^{12}$ 时，SecUCPSI 仍然优于 SJ23 的第二种构造 SJ23-C2。

**2. 计算性能对比。** 表 3-3 中也展示了本书提供的 SecUCPSI 协议与

PSTY19、CGS22 和 RR22 在计算性能上的比较结果。可以观察到，SecUCPSI 在不同数据集大小和网络设置下始终优于这三个工作。具体来说，SecUCPSI 展现出 1.50～39.81 倍的计算性能提升。另一方面，与 SJ23 相比，在极不平衡的情况下，例如用户端数据集大小为 $2^4$ 和 $2^8$ 时，SecUCPSI 的运行时间降低了 1.22～10.44 倍。除此之外，还可以观察到 SJ23 在用户端数据集相对较大（例如 $2^{12}$）时表现良好，并且即使用户数据集大小减小后，计算开销仍然与评估较大数据集时相似。原因在于 SJ23 需要将用户的大量数据打包成一个密文，并分摊昂贵的同态加密开销。此外，SJ23 的两种构造协议在 LAN 和 Mobile 网络设置下的运行时间不同，主要原因是这两种构造的通信差异很大，这将影响带宽受限的网络环境下的计算性能。相反，本章提供的两个协议构造（2-Hash 和 3-Hash）具有相似的通信开销，并且在带宽受限的网络环境中展现出更好的性能。

表3-3 本章协议与现有工作在通信和计算开销上的比较

| 参数 | | 协议 | 通信/MB | | LAN/s | | WAN/s | | Mobile/s | |
| --- | --- | --- | --- | --- | --- | --- | --- | --- | --- | --- |
| $n$ | $t$ | | 离线 | 在线 | 离线 | 在线 | 离线 | 在线 | 离线 | 在线 |
| $2^{20}$ | $2^4$ | PSTY19[14] | 0.308 | 32.859 | 0.100 | 7.020 | 2.224 | 18.035 | 5.162 | 356.548 |
| | | CGS22[16] | 0.317 | 30.978 | 0.117 | 10.866 | 2.581 | 21.736 | 5.377 | 340.301 |
| | | RR22[19] | 1.882 | 33.087 | 0.137 | 7.941 | 3.386 | 19.778 | 21.067 | 358.152 |
| | | SJ23-C1[31] | 1.994 | 5.938 | 7.996 | 4.232 | 10.380 | 8.567 | 18.581 | 58.258 |
| | | SJ23-C2[31] | 3.958 | 18.608 | 2.750 | 2.252 | 7.599 | 9.669 | 40.451 | 164.546 |
| | | 本书 2-Hash | 18.172 | 1.872 | 82.666 | 3.655 | 87.271 | 7.310 | 236.127 | 23.341 |
| | | 本书 3-Hash | 18.172 | 2.457 | 58.875 | 1.937 | 64.045 | 5.610 | 214.787 | 26.816 |

续表

| 参数 | | 协议 | 通信/MB | | LAN/s | | WAN/s | | Mobile/s | |
|---|---|---|---|---|---|---|---|---|---|---|
| $n$ | $t$ | | 离线 | 在线 | 离线 | 在线 | 离线 | 在线 | 离线 | 在线 |
| $2^{20}$ | $2^{8}$ | PSTY19[14] | 0.405 | 33.057 | 0.077 | 6.965 | 2.188 | 17.816 | 5.787 | 358.192 |
| | | CGS22[16] | 0.415 | 31.196 | 0.075 | 11.674 | 2.575 | 22.412 | 6.235 | 343.088 |
| | | RR22[19] | 1.980 | 33.278 | 0.134 | 8.028 | 3.386 | 19.117 | 21.935 | 360.385 |
| | | SJ23-C1[31] | 1.994 | 5.938 | 8.265 | 3.843 | 9.812 | 8.752 | 18.284 | 57.751 |
| | | SJ23-C2[31] | 3.957 | 18.609 | 2.828 | 2.021 | 7.565 | 9.247 | 41.127 | 165.253 |
| | | 本书 2-Hash | 18.270 | 3.336 | 113.585 | 2.616 | 117.690 | 6.843 | 267.438 | 35.475 |
| | | 本书 3-Hash | 18.269 | 3.921 | 80.066 | 1.521 | 83.482 | 6.012 | 235.190 | 39.270 |
| | $2^{12}$ | PSTY19[14] | 0.687 | 34.028 | 0.175 | 8.221 | 2.350 | 18.510 | 8.380 | 365.269 |
| | | CGS22[16] | 0.697 | 32.537 | 0.110 | 12.426 | 2.678 | 23.398 | 8.767 | 353.945 |
| | | RR22[19] | 2.352 | 34.080 | 0.186 | 8.521 | 3.459 | 20.147 | 25.007 | 369.325 |
| | | SJ23-C1[31] | 4.854 | 9.669 | 6.393 | 11.932 | 8.955 | 17.296 | 41.982 | 96.145 |
| | | SJ23-C2[31] | 3.958 | 18.607 | 2.715 | 1.917 | 7.960 | 9.164 | 40.486 | 164.379 |
| | | 本书 2-Hash | 18.551 | 17.616 | 191.363 | 5.157 | 199.714 | 12.317 | 350.308 | 158.070 |
| | | 本书 3-Hash | 18.551 | 25.149 | 161.069 | 6.254 | 165.943 | 14.949 | 315.529 | 222.685 |
| $2^{22}$ | $2^{4}$ | PSTY19[14] | 0.308 | 130.148 | 0.090 | 31.202 | 2.237 | 62.721 | 5.067 | 1,405.807 |
| | | CGS22[16] | 0.318 | 122.418 | 0.095 | 61.104 | 2.591 | 91.548 | 5.343 | 1,352.874 |
| | | RR22[19] | 1.882 | 130.376 | 0.133 | 34.840 | 3.343 | 67.732 | 20.567 | 1,407.752 |
| | | SJ23-C1[31] | 5.227 | 6.618 | 102.531 | 10.102 | 103.283 | 15.881 | 112.038 | 70.543 |
| | | SJ23-C2[31] | 3.958 | 42.674 | 11.998 | 3.728 | 16.224 | 15.202 | 44.846 | 369.253 |
| | | 本书 2-Hash | 18.172 | 2.856 | 287.176 | 7.330 | 295.251 | 11.241 | 443.559 | 36.117 |
| | | 本书 3-Hash | 18.172 | 2.668 | 323.034 | 7.627 | 316.533 | 11.544 | 483.251 | 35.354 |

续表

| 参数 | | 协议 | 通信/MB | | LAN/s | | WAN/s | | Mobile/s | |
|---|---|---|---|---|---|---|---|---|---|---|
| $n$ | $t$ | | 离线 | 在线 | 离线 | 在线 | 离线 | 在线 | 离线 | 在线 |
| $2^{22}$ | $2^8$ | PSTY19[14] | 0.405 | 130.346 | 0.077 | 31.955 | 2.255 | 64.689 | 5.838 | 1,407.101 |
| | | CGS22[16] | 0.415 | 122.636 | 0.080 | 64.442 | 2.670 | 93.478 | 6.361 | 1,357.350 |
| | | RR22[19] | 1.980 | 130.567 | 0.318 | 35.146 | 3.331 | 64.838 | 21.478 | 1,410.698 |
| | | SJ23-C1[31] | 5.226 | 6.618 | 103.195 | 9.663 | 101.296 | 15.717 | 111.341 | 70.589 |
| | | SJ23-C2[31] | 3.957 | 42.673 | 11.075 | 3.555 | 16.572 | 15.720 | 45.625 | 368.650 |
| | | 本书 2-Hash | 18.269 | 5.583 | 398.922 | 5.785 | 399.003 | 10.471 | 557.363 | 57.775 |
| | | 本书 3-Hash | 18.269 | 7.291 | 287.933 | 5.425 | 297.677 | 10.449 | 446.333 | 71.604 |
| | $2^{12}$ | PSTY19[14] | 0.687 | 131.322 | 0.281 | 35.768 | 2.355 | 66.032 | 8.363 | 1,416.060 |
| | | CGS22[16] | 0.697 | 123.982 | 0.112 | 66.434 | 2.633 | 101.694 | 8.766 | 1,369.970 |
| | | RR22[19] | 2.352 | 131.369 | 0.162 | 39.705 | 3.584 | 69.666 | 25.332 | 1,422.936 |
| | | SJ23-C1[31] | 5.227 | 6.618 | 101.144 | 10.897 | 104.207 | 16.169 | 112.113 | 71.405 |
| | | SJ23-C2[31] | 3.957 | 42.675 | 11.639 | 3.464 | 16.575 | 15.108 | 44.739 | 368.319 |
| | | 本书 2-Hash | 18.551 | 33.130 | 623.735 | 13.086 | 631.618 | 20.526 | 795.836 | 295.674 |
| | | 本书 3-Hash | 18.551 | 25.361 | 672.840 | 12.123 | 674.243 | 19.188 | 843.413 | 230.016 |

## 3.6 本章小结

本章研究了多参与方协作训练设置下的保护隐私的训练数据对齐技术。考虑实际的非平衡应用场景,其中用户数据量远远小于云服务器数据量,提出了通用的非平衡电路隐私集合求交协议,该协议可以直接应用到隐私保护的训练数据对齐中。协议保证了对参与方训练数据的保护,同时不泄漏交集结果,而是以秘密分享的形式分布在参与方之间。该分享形式的交集数据,能够直接被用于后续的保护隐私的模型训练过程,例如基于安全多方计算的模型训练[6]。

# 第四章

# 训练阶段的数据完整性保护技术研究

本章研究训练阶段的数据完整性保护技术，主要关注在密文环境下抵抗拜占庭攻击的联邦学习方案，实现在保护数据隐私的前提下，确保联邦学习模型训练的完整性。

## 4.1 引言

深度学习训练阶段的数据完整性保护具有重大的实用价值和意义，尤其是在复杂的联邦学习[7]场景中。联邦学习已经在实际应用中展现了巨大的潜力，例如 Gboard 移动键盘[114]、电子健康记录挖掘[115]和信用风险预测[116]等。简言之，联邦学习能够让多个参与方(例如移动设备)在云服务器的协调下协同训练一个全局模型，同时保证参与方训练数据不出本地。但是，近期研究表明，现有的联邦学习方案容易遭受参与方拜占庭攻击[37,47,117]。在拜占庭攻击中，参与方通过提交精心设计的毒化梯度来破坏全局模型的准确性和收敛性，这将导致严重的安全威胁。例如，在基于联邦学习的自动驾驶场景中，一旦底层联邦学习模型遭受拜占庭攻击，将会导致模型对道路状况的错误预测，从而可能引发严重的交通事故[47]。

为了抵御拜占庭攻击，多个支持拜占庭防御的联邦学习方案被提出，如 Krum[32]、Median[35]和 Bulyan[33]等。这些工作的核心思想是，云服务器通过对参与方上传的本地梯度进行统计分析，排除可疑的拜占庭异常值，并利用剩余的参与方梯度进行模型更新。举例来说，Cao 等人最近提出了先进的防御拜占庭攻击的联邦学习方法 FLTrust[40]，通过令云服务器端计算一个验证梯度，从而分析参与方本地梯度的方向和大小，实现了有效和全面的拜占庭检测。他们首先设计了一个归一化协议，以防止恶意参与方操纵梯度大小，然后进行方向相似性测量，以消除与云服务器验证梯度方向不一致的恶意梯度的影响。

尽管许多工作[32,33,35,40]已经被提出来解决上述拜占庭攻击的问题，但是这些研究无法与现有的保护隐私的联邦学习[5,118]兼容，忽略了隐私问题在实际应用场景中的需求。已有研究表明[119-120]，联邦学习中的攻击者可以通过共享的梯度获取参与方本地训练数据的隐私，例如医疗诊断系统中各个医疗机构的就诊患者的医疗记录。此外，更重要的是，现有的工作单独地考虑联邦学习场景的保护隐私和拜占庭防御，低估了隐私侵犯和拜占庭攻击之间的联系。从本质上讲，隐私侵犯和拜占庭攻击是错综复杂地相互关联的。一方面，攻击者可能会巧妙地发动拜占庭攻击，利用错误的模型训练来推断其他参与方的训练数据集的信息，甚至破坏保护隐私的联邦学习方案[121]。另一方面，隐私泄露则为拜占庭攻击者提供了更有利的先验知识，可以用于发动更强大的、适应性更强的拜占庭攻击[36,117]。因此，亟须设计一个密文环境下抵抗拜占庭攻击的联邦学习方案。

解决上述问题的主要挑战是将通用的密码学技术，如安全多方计算和同态加密[83,96]，与现有的拜占庭防御的联邦学习方案[32,40]结合，会导致极高的计算和通信开销。主要原因是拜占庭防御技术需要评估繁重的密码操作，例如在测量各方梯度质量时进行大规模的保护隐私的矩阵乘法，以及用于排除异常梯度的保护隐私的复杂非线性函数。因此，如何设计防御拜占庭攻击的联邦学习方案，同时高效地兼容密码学协议，是一个具有挑战性的问题。

为了解决上述挑战，本章提出了一个密文环境下抵抗拜占庭攻击的联邦学习方案。方案采用了先进的拜占庭防御技术 FLTrust[40]，并将其扩展到密文环境中，在确保数据隐私的前提下，实现联邦学习对拜占庭攻击的防御，保障训练模型的完整性。FLTrust 的防御策略主要包括两个步骤，一个是梯度归一化，另一个是方向相似性测量。为了提高在密文环境下拜占庭防御的效率以及方案的可扩展性，论文设计了两个定制的安全计算协议。①对于梯度归一化，本章的关键思路是设计一个与复杂的归一化操作等效的加密友好的替代方案。具体来说，归一化涉及倒数平方根和高维内积的步骤，在安全计算中，它们的计算开销很大。为了减少这种开销，本章令各个参与方本地实现归一化操作，即在明文环境下执行该操作。随后，为云服务器设计了一个加密友好的归一化有效性检查协议，以检查各方是否偏离规范，并明确排除形式错误的梯度。②对于方向相似性测量，本章的主要洞察是云服务器可以在各方上传本地梯度之前预先计算特定的密码协议。具体而言，本章为矩阵乘法操作，即方向相似性测量的核心构建块，设计了一个预处理协议，该协议在预处理阶段执行评估，以提高在线过程拜占庭防御的性能。

本章工作的主要贡献可总结如下。

（1）文章提出了一种新的联邦学习方案 SecFL。该方案在确保隐私保护的前提下，实现先进的拜占庭防御能力，确保模型训练的完整性。

（2）文章设计了多个高效的安全计算协议，以高效实现拜占庭防御中的操作。

（3）文章进行了大量的实验，并与现有方案进行相比，展示在效率方面和拜占庭防御方面的性能。

## 4.2 威胁模型

本节研究密文环境下抵抗拜占庭攻击的联邦学习方案，方案包括云服务器 $SP$、计算服务器 $CS$ 和 $n$ 个参与方 $P_1, P_2, \cdots, P_n$，该方案的工作流程如图 4-1 所示。

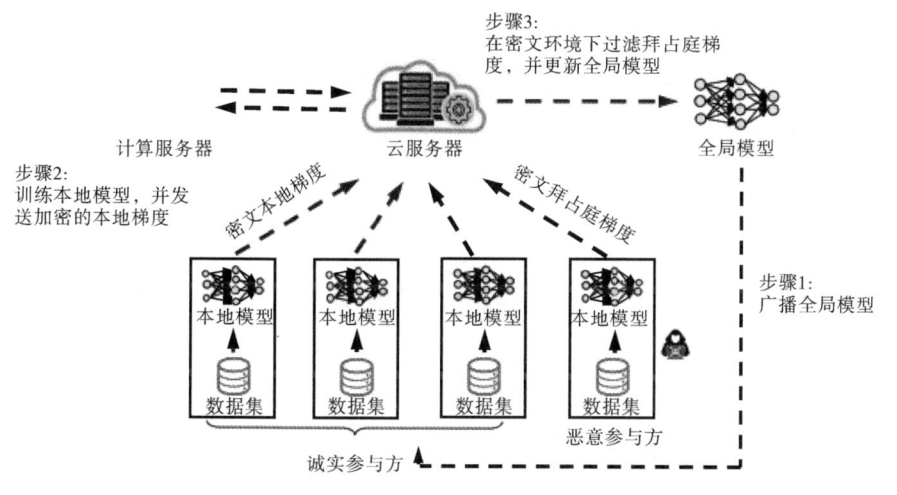

**图 4-1 抵抗拜占庭攻击的联邦学习方案**

下面详细介绍上述三类实体在密文环境下抵抗拜占庭攻击的联邦学习方案中扮演的角色和主要任务。

**1. 云服务器**：云服务器统筹整个联邦学习过程，迭代地聚合用户上传的本地梯度，并向所有参与方广播聚合的结果。

**2. 计算服务器**：计算服务器辅助云服务器进行梯度聚合，执行安全两方计算。计算服务器没有隐私的输入信息。

**3. 参与方**：在每次的迭代训练过程中，每个参与方在私有数据集上训练模型，计算本地梯度，并将其上传至云服务器。

本节提供的方案 SecFL 考虑两种敌手。①一种是诚实但好奇的概率多项式时间敌手。该敌手攻击云服务器或者计算服务器，但不会同时攻击两者(即云服务器和计算服务器不勾结)，在严格地遵守协议流程的前提下，其尝试推断诚实参与方的隐私信息。②另一种是恶意的概率多项式时间敌手。该敌手攻击多个参与方，可以任意违背协议执行。例如，敌手能够通过发送拜占庭梯度来破坏全局模型，从而破坏训练模型的完整性。上述非对称的敌手设置是合理的，并且与现实中的联邦学习方案相一致。具体而言，为了维护良好的声誉以提供更多的联邦学习服务，服务器(例如谷歌和亚马逊)不愿意被发现有恶意行为，但参与方可能出于竞争目的具有各种不良动机，例如对正在进行的联邦学习方案进行恶意破坏[45]。基于上述敌手假设，SecFL 的主要目标是保护整个训练过程中诚实参与方的隐私信息，并且保护训练模型的完整性。

## 4.3 密文环境下抵抗拜占庭攻击的联邦学习训练方案

本节首先提出了一个密码学友好的拜占庭防御策略，然后扩展该策略。本节设计了一个在密文环境下抵抗拜占庭攻击的联邦学习方案，在确保数据机密性的前提下，保证训练阶段模型的完整性。

### 4.3.1 密码学友好的拜占庭防御协议

为了解决现有方案效率低下的问题，本小节首先设计密码学友好的拜占庭防御策略，使其适用于高效的密码学协议。本小节优化当前先进的拜占庭防御技术 FLTrust[40]。FLTrust 的基本思想是云服务器收集一个干净的验证数据集，然后在该验证数据集上训练当前模型，并计算一个验证梯度。云服务器利用该验证梯度检测和排除拜占庭参与方。具体而言，云服务器利用验证梯度，对每个参与方梯度设置一个置信分数，置信分数越高表明该参与方本地梯度与验证梯度越相似，即非拜占庭梯度。该置信分数通过计算两个梯度之间的余弦相似度来获得。FLTrust 的训练过程类似于传统的联邦学习过程，不同的是，FLTrust 利用支持抵抗拜占庭攻击的梯度聚合策略，而不是简单的梯度求和。下面详细阐述 FLTrust 中支持拜占庭防御的梯度聚合策略。

**1. 归一化参与方梯度**。云服务器首先利用以下操作来归一化参与方梯度：

$$\tilde{g}_i = \frac{g_i}{\|g_i\|} \tag{4-1}$$

其中，$\|\cdot\|$ 表示 $\ell_2$ 范数。归一化的作用是防止敌手通过操纵本地梯度的向量大小来恶意影响模型的训练。

**2. 度量梯度方向相似性**。云服务器给每个参与方梯度 $g_i$ 计算一个置信分数 $TS_i$。该置信分数通过两个步骤计算得来：首先，云服务器计算参与方本地梯度 $g_i$ 与服务器验证梯度 $g_s$ 的余弦相似度 $cos_i$，然后调用 ReLU 函数将负的置信分数设置为 0。详细的置信分数计算如下所示：

$$TS_i = \text{ReLU}(cos_i) = \text{ReLU}(\langle \tilde{g}_i, \tilde{g}_s \rangle) \tag{4-2}$$

其中，$\tilde{g}_i$ 和 $\tilde{g}_s$ 分别表示归一化之后的参与方和云服务器梯度。ReLU 函数的作用是排除具有的负面影响的本地梯度，因为余弦相似度为负数表示两个向量方向差别大。

**3. 加权聚合梯度**。云服务器加权聚合归一化后的本地梯度，其中权重为上述计算的置信分数，最后再调整聚合后梯度的向量长度。详细的加权梯度聚合方案如下所示：

$$g^{global} = \frac{\|g_s\|}{TS} \sum_{i=1}^{n} TS_i \cdot \tilde{g}_i, \tag{4-3}$$

其中 $TS = \sum_{i=1}^{n} TS_i$。上述方案使得聚合梯度的向量长度与云服务器验证梯度的向量长度相同。

本章提出了一个针对上述 FLTrust 的密码学友好的变体。在阐述具体技术之前，首先探讨直接应用现有的安全多方计算技术仍然会导致高的计算和通信开销。在密文环境下实现上述 FLTrust 的拜占庭防御策略的一个直接方法是利用通用的支持混合电路的安全计算技术，例如，ABY[83]。具体而言，一方面针对线性操作，如矩阵乘法等，方案利用算数秘密分享实现安全运算。另一方面，针对非线性操作，如归一化操作和 ReLU，方案可以利用布尔秘密分享进行实现。组合两种安全计算模式，方案可以实现一个完整的密文环境下的拜占庭防御方案。尽管如此，它们仍然会导致极大的计算和通信开销，其主要原因包括如下两点。第一，归一化操作涉及倒数平方根操作，如现有工作[51,122]所示，基于安全多方计算的实现需要高的通信轮次和通信量。第二，余弦相似度的度量可以表示为一个高维的矩阵向量乘法，由于梯度维度庞大，该操作将带来极大的计算和通信开销。为了解决上述的问题，本章提出的密码学友好的变体主要包括如下两个优化。

**1. 归一化有效性检查技术**。本章提出一个高效的归一化有效性检查技术来替代 FLTrust 中耗时的归一化评估操作。主要思想是所有参与方的本地梯度归一化步骤是相互独立的，因此可以让其在明文下本地执行归一化，无须密文操作。但是，一个关键的问题是，在恶意敌手的设置下，被攻击的参与方可能违背协议，提供错误的归一化梯度。举例来说，敌手可能不正确执行归一化，发送向量长度过大的梯度。因此，本章设计了一个高效的归一化有效性检查协议，来检测恶意敌手违背协议的行为。具体而言，协议检查参与方上传梯度的 $\ell_2$ 范数是否满足一个特定的区间，详细方法为

$$flag_i = 1\{\,|\,\langle g_i, g_i\rangle - 1\,|\, < \varepsilon\} \tag{4-4}$$

其中，$\varepsilon$ 是一个预先定义的常数门限值。经过上述的检查，如果参与方正确地执行归一化，$flag_i$ 设置为 1；否则，设置为 0。本书利用区间测试，而不是相等性测试，原因是在保护隐私的深度学习中需要利用固定点编码来表示浮点数[6,50]，会损失很小的数值表示的精度。因此，区间测试能够补偿上述精度损失。

**2. 余弦相似度预处理技术**。本章提出了一个结合预处理阶段的计算模式，来提高余弦相似性评估的协议效率。主要的思想是，在实际的应用中，

大多数参与方由移动设备组成，这些参与方计算资源不足并且通信带宽受限。不同的是，作为一个公共的云服务提供商，云服务器配备先进的计算设备以及高的通信带宽。因此，本章充分利用参与方与云服务器资源的不对称性，设计基于预处理的密码协议。在参与方上传本地梯度之前，云服务器预处理耗时的密码学操作，生成用于密码协议评估的相关随机性数据，提高后续在线过程拜占庭防御的计算效率。具体来说，本章提出一个结合预处理阶段的计算模式，来加速余弦相似性的评估，其中涉及预处理和在线两个阶段，这两个阶段通过参与方的本地梯度是否可用来区分。在预处理阶段中，云服务器利用验证梯度 $g_s$ 执行矩阵乘法预处理操作，使得在在线阶段，余弦相似度评估能够以极小的计算开销来完成。整合上述的优化，算法 4-1 展示了密码学友好的拜占庭防御策略，它将作为完整协议的基础。

**算法 4-1**　密码学友好的拜占庭防御策略

　　**参数**：学习率 $n$，批量大小 $b$，训练迭代轮次 $Iter$。

　　**输入**：每个参与方 $P_i$，其中 $i \in [n]$，拥有一个本地数据集 $D_i$。云服务器 $SP$ 拥有一个验证数据集 $D_s$。

　　**输出**：训练后的全局模型参数 $\omega$。

1. 随机初始化模型参数 $\omega$；
2. **for** $iter \in [Iter]$ **do**
3. 　**for** $i \in [n]$ **do**
4. 　　　$P_i$ 计算本地梯度 $g_i \leftarrow SGD(\omega, D_i, b)$；
5. 　　　$P_i$ 本地归一化梯度 $g_i = \dfrac{g_i}{\|g_i\|}$ 并上传 $g_i$ 到 $SP$；
6. 　**end**
7. 　$SP$ 计算验证梯度 $g_s \leftarrow SGD(\omega, D_s)$；
8. 　$SP$ 本地归一化梯度 $g_s = \dfrac{g_s}{\|g_s\|}$；
9. 　**for** $i \in [n]$ **do**
10. 　　$SP$ 计算 $flag_i = 1\{|\langle g_i, g_i \rangle - 1| < \varepsilon\}$，验证 $P_i$ 梯度的有效性；
11. 　　$SP$ 计算余弦相似性 $\cos_i = \langle g_i, g_s \rangle$；

12.     SP 计算置信分数 $TS_i = flag_i \cdot \text{ReLU}(\cos_i)$；
13.   end
14. SP 计算 $TS = \sum_{i=1}^{n} TS_i$；
15. SP 加权聚合参与方梯度 $g = \dfrac{\|g_s\|}{TS} \sum_{i=1}^{n} TS_i \cdot g_i$；
16. SP 更新全局模型 $\omega \leftarrow \omega - \eta g$，并向所有的参与方广播全局模型。
17. end

## 4.3.2 密文环境下抵抗拜占庭攻击的联邦学习协议

在本节中，将算法 4-1 中密码学友好的拜占庭防御策略扩展到密文环境，实现在确保参与方数据隐私的情况下，保证模型训练的完整性。算法 4-2 提供了详细的密文环境下拜占庭防御协议。

**算法 4-2**   密文环境下的拜占庭防御方案

参数：梯度维度 $d$，理想函数 $F_{\text{Mult}}$，$F_{\text{Beaver}}$，$F_{\text{DReLU}}$，$F_{\text{ReLU}}$，$F_{\text{AND}}$ 和 $F_{\text{BmulA}}$。

输入：每个参与方 $P_i$，其中 $i \in [n]$，拥有一个本地数据集 $D_i$。服务器 SP 拥有一个验证数据集 $D_s$。学习率 $\eta$，批量大小 $b$，训练迭代轮次 $Iter$。

输出：训练后的全局模型参数 $\omega$。

1. 步骤 1：初始化阶段；
2. 所有的参与方初始化全局模型架构和模型权重 $\omega$；
3. 每个参与方 $P_i$ 与 CS 调用 Diffie-Hellman 密钥交换协议，生成一个私有的密钥 $k_i$；
4. SP 运行 AHE.KeyGen$(1^k) \rightarrow (pk, sk)$，并将生成的公钥发送至 CS；
5. SP 和 CS 调用 Beaver 三元组生成协议 $F_{\text{Beaver}}$ 来生成 Beaver 乘法三元组；
6. 步骤 2：训练阶段。重复以下步骤直到达到训练终止条件；
7. 每个参与方 $P_i$ 运行 $SGD(\omega, D_i, b) \rightarrow g_i$，并归一化本地梯度 $g_i \leftarrow \dfrac{g_i}{\|g_i\|}$；
8. 每个参与方 $P_i$ 生成 $r_i = \text{PRF}(k_i)$，设置 $\langle g_i \rangle_1 = r_i$，并计算 $\langle g_i \rangle_0 = g_i - r_i$；
9. SP 运行 $SGD(\omega, D_s) \rightarrow g_s$，计算归一化的验证梯度 $g_s \leftarrow \dfrac{g_i}{\|g_i\|}$；

10. $SP$ 计算 $ct = \text{AHE.Enc}(pk, g_s)$，并将其发送给 $CS$；

11. $CS$ 生成 $\langle g_i \rangle_1 = \text{PRF}(k_i)$，$\forall_i \in [n]$，并设置 $\langle R \rangle_1 = (\langle g_1 \rangle_1, \langle g_2 \rangle_1, \cdots, \langle g_n \rangle_1)^T$；

12. $CS$ 采样一个随机的向量 $\delta$，调用设计的矩阵乘法评估协议来生成 $ct' = \text{AHE.Enc}(pk, \langle R \rangle_1 g_s - \delta)$，最后发送 $ct'$ 给 $SP$。除此之外，$CS$ 获得 $\langle \cos_i \rangle_1 = \delta[i]$，$\forall i \in [n]$。$SP$ 解密上述的密文获得 $\langle R \rangle_1 g_s - \delta$；

13. 步骤3：聚合阶段；

14. 每个参与方 $P_i$ 秘密分享 $\langle g_i \rangle_0 = g_i - r_i$ 给 $SP$；

15. 对于每个 $i \in [n]$，$SP$ 和 $CS$ 调用 $F_{\text{Mult}}$，其中 $SP$ 的输入是 $\langle g_i \rangle_0$，$CS$ 的输入是 $\langle g_i \rangle_1$。$SP$ 和 $CS$ 分别获得 $\langle \|g_i\|^2 \rangle_0$ 和 $\langle \|g_i\|^2 \rangle_1$；

16. 对于每个 $i \in [n]$，$SP$ 和 $CS$ 两次调用 $F_{\text{DReLU}}$，其中输入分别是 $\langle \|g_i\|^2 + \varepsilon - 1 \rangle$ 和 $\langle \varepsilon + 1 \|g_i\|^2 \rangle$。$SP$ 和 $CS$ 分别获得 $\langle flag_{i,0} \rangle^B$ 和 $\langle flag_{i,1} \rangle^B$；

17. 对于每个 $i \in [n]$，$SP$ 和 $CS$ 调用 $F_{\text{AND}}$，其中输入分别是 $\langle flag_{i,0} \rangle^B$ 和 $\langle flag_{i,1} \rangle^B$。$SP$ 和 $CS$ 获得 $\langle flag_i \rangle_0^B$ 和 $\langle flag_i \rangle_1^B$；

18. $SP$ 设置 $\langle R \rangle_0 = (\langle g_1 \rangle_0, \langle g_2 \rangle_0, \cdots, \langle g_n \rangle_0)^T$，计算 $tmp = \langle R \rangle_0 g + \langle R \rangle_1 g - \delta$。对于每个 $\forall i \in [n]$，$SP$ 设置 $\langle \cos_i \rangle_0 = tmp[i]$；

19. 对于每个 $i \in [n]$，$SP$ 和 $CS$ 调用 $F_{\text{ReLU}}$，其中输入分别是 $\langle \cos_i \rangle_0$ 和 $\langle \cos_i \rangle_1$。$SP$ 和 $CS$ 分别获得 $\langle ReLU(\cos_i) \rangle_0$ 和 $\langle ReLU(\cos_i) \rangle_1$；

20. 对于每个 $i \in [n]$，$SP$ 和 $CS$ 调用 $F_{\text{BmulA}}$，其中输入分别是 $\langle ReLU(\cos_i) \rangle$ 和 $\langle flag_i \rangle^B$。$SP$ 和 $CS$ 分别获得 $\langle TS_i \rangle_0$ 和 $\langle TS_i \rangle_1$；

21. $SP$ 和 $CS$ 本地计算 $\langle TS \rangle = \sum_{i=1}^{n} \langle TS_i \rangle$；

22. 对于每个 $i \in [n]$，$SP$ 和 $CS$ 调用 $F_{\text{Mult}}$，其中输入分别是 $\langle g_i \rangle$ 和 $\langle TS_i \rangle$。$SP$ 和 $CS$ 分别获得 $\langle TS_i g_i \rangle_0$ 和 $\langle TS_i g_i \rangle_1$；

23. $SP$ 和 $CS$ 本地计算 $\langle g \rangle = \sum_{i=1}^{n} \langle TS_i g_i \rangle$；

24. CS 发送 $\langle TS \rangle_1$ 和 $\langle g \rangle_1$ 到 SP。随后，SP 重构 TS 和 g，并计算 $g^{global} = \frac{\|g_i\|}{TS} g$；

25. 步骤 4：广播阶段；

26. SP 更新全局模型参数 $\omega \leftarrow \omega - \eta g^{global}$，并将其广播给所有参与方；

27. 每个参与方 $P_i$ 利用接收到的全局权重 $\omega$ 来更新本地模型。

概括来说，每个参与方本地训练模型，并计算本地梯度，然后归一化本地梯度，并发送给云服务器。与此同时，云服务器训练模型，并利用验证数据集计算验证梯度。此外，云服务器与计算服务器协同执行密码协议预处理操作。在接收到所有参与方的本地梯度后，云服务器与计算服务器执行安全两方计算，进行密文下拜占庭防御的评估。由于其他步骤与传统联邦学习一致，下面主要阐述拜占庭防御协议。协议包括初始化阶段、预处理阶段和在线阶段三个阶段。

### 4.3.2.1 初始化阶段

初始化阶段用来初始化密码协议。初始化阶段在整个协议中只被调用一次，主要用来生成加法同态加密的公钥和私钥对，以及 Beaver 乘法三元组，具体如下。

(1) 云服务器执行 AHE. KeyGen($1^\kappa$) 来生成公钥和私钥对 ($pk$, $sk$)，并发送公钥 $pk$ 至计算服务器。

(2) 云服务器和计算服务器调用 Beaver 乘法三元组生成协议，来生成方案调用数量的 Beaver 乘法三元组。

### 4.3.2.2 预处理阶段

预处理阶段运行在服务器接收到所有参与方本地梯度之前。该阶段主要进行矩阵乘法预处理，从而加速在线过程的执行。假设在线阶段中，参与方本地梯度的秘密分享可以表示为 $\langle g_i \rangle_0$ 和 $\langle g_i \rangle_1$。参与方分别将两个秘密分享发送给云服务器和计算服务器。定义所有参与方梯度的分享为矩阵形式，$\langle R \rangle_0 = (\langle g_1 \rangle_0, \langle g_2 \rangle_0, \cdots, \langle g_n \rangle_0)^T$ 和 $\langle R \rangle_1 = (\langle g_1 \rangle_1, \langle g_2 \rangle_1,$

$\cdots, \langle g_n \rangle_1)^T$,其中 $R = (g_1, g_2, \cdots, g_n)^T$。余弦相似度评估过程中需要计算云服务器梯度向量 $g_s$ 和所有本地梯度组成矩阵 $R$ 的乘积,因此矩阵向量乘法为其核心操作。尽管可以调用 Beaver 乘法三元组来实现上述矩阵乘法,但是在大规模的梯度设置下,Beaver 乘法三元组的生成仍然耗费大量的计算和通信开销。本书针对联邦学习特定场景,提出来了一个预处理协议来减少矩阵乘法的在线开销。具体而言,方案需要计算 $R \cdot g_s = \langle R \rangle_0 \cdot g_s + \langle R \rangle_1 \cdot g_s$,一个重要的观察是 $\langle R \rangle_1 \cdot g_s$ 可以在预处理过程中提前计算。主要原因是 $\langle R \rangle_1$ 的分享可以在预处理阶段,由参与方与计算服务器调用伪随机函数生成,同时 $g_s$ 是云服务器已知的。因此,本章设计了一个预处理矩阵乘法协议,详细协议展示在图 4-2 中。

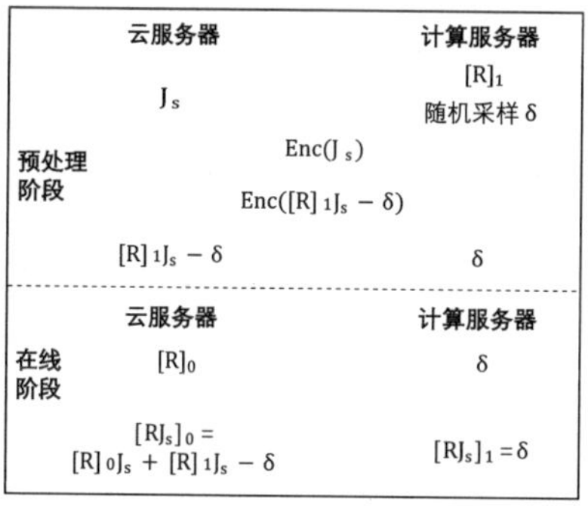

| | 云服务器 | 计算服务器 |
|---|---|---|
| 预处理阶段 | $J_s$ | $[R]_1$ 随机采样 $\delta$ |
| | | Enc($J_s$) |
| | | Enc($[R]_1 J_s - \delta$) |
| | $[R]_1 J_s - \delta$ | $\delta$ |
| | 云服务器 | 计算服务器 |
| 在线阶段 | $[R]_0$ | $\delta$ |
| | $[RJ_s]_0 =$ $[R]_0 J_s + [R]_1 J_s - \delta$ | $[RJ_s]_1 = \delta$ |

**图 4-2 基于预处理的矩阵乘法协议**

预处理阶段需要执行以下操作:

(1)云服务器发送 $ct = \text{AHE.Enc}(pk, g_s)$ 至计算服务器。计算服务器输入分享矩阵 $\langle R \rangle_1$,$ct$,以及一个随机向量 $\delta$,调用同态加密评估算法计算 $ct' = \text{AHE.Enc}(pk, \langle R \rangle_1 \cdot g_s - \delta)$。最后,计算服务器将密文结果返回至云服务器。

(2)云服务器解密接收到的密文,获得 $\langle R \rangle_1 \cdot g_s - \delta = \text{AHE.Dec}(sk, ct')$。因为计算服务器持有 $\delta$,所以,计算服务器和云服务器共同持有 $\langle R \rangle_1 \cdot g_s$ 的加法秘密分享。

#### 4.3.2.3 在线阶段

在线阶段中,假设参与方已经完成本地训练,获得了本地梯度。然后,参与方归一化本地梯度，执行以下保护隐私的拜占庭防御操作。

**1. 梯度秘密分享。** 每个参与方 $P_i$ 发送它的本地梯度分享 $\langle g_i \rangle_0 = g_i - r_i$ 给云服务器，其中 $r_i$ 利用伪随机函数生成。因此，每个参与方 $P_i$ 可以非交互地与计算服务器共享本地梯度秘密分享 $\langle g_i \rangle_1 = r_i$。具体来看，$P_i$ 与计算服务器调用 Diffie-Hellman 密钥协商协议[123]来生成伪随机函数密钥。随后，计算服务器和 $P_i$ 利用伪随机函数共同地采样相同的随机向量，因此计算服务器获得 $P_i$ 的梯度分享 $\langle g_i \rangle_1 = r_i$。

**2. 归一化有效性检查。** 在接收到所有参与方的梯度分享之后，云服务器和计算服务器需要去检查是否每个参与方上传的梯度向量是合规的。具体步骤如下：

（1）云服务器和计算服务器首先运行 Beaver 乘法步骤，来计算梯度 $g_i$ 的平方 $\ell_2$ 范数。从而，云服务器获得 $\langle \|g_i\|^2 \rangle_0$，同时计算服务器获得 $\langle \|g_i\|^2 \rangle_1$。此外，本书观察到梯度 $g_i$ 也将会被用到加权聚合步骤，因此可以只需随机掩饰 $g_i$ 一次。详细技术将在后续部分进行描述。

（2）云服务器和计算服务器调用算法 4-3 中的 DReLU 协议，来计算 $flag_i = \mathbf{1}\{|\langle g_i, g_i \rangle - 1| < \varepsilon\}$。云服务器获得 $\langle flag_i \rangle_0^B$ 同时计算服务器获得 $\langle flag_i \rangle_1^B$。

**算法 4-3** 保护隐私的 DReLU 协议

参数：理想函数 $F_{\text{Mill}}$ 和 $F_{\text{AND}}$。

输入：SP 和 CS 分别持有 $\langle x \rangle_0$ 和 $\langle x \rangle_1$。

输出：SP 和 CS 分别获得 $\langle DReLU(x) \rangle_0$ 和 $\langle DReLU(x) \rangle_1$。

1. SP 和 CS 调用 $F_{\text{Mill}}$，其中 SP 的输入是 $(p - 1 - \langle x \rangle_0)$，CS 的输入是 $\langle x \rangle_1$。SP 和 CS 分别获得 $wrap_0$ 和 $wrap_1$；

2. SP 和 CS 调用 $F_{\text{Mill}}$，其中 SP 的输入是 $(p - 1 - \langle x \rangle_0)$，CS 的输入是 $(p-1)/2 + 2\langle x \rangle_1$。SP 和 CS 分别获得 $lwrap_0$ 和 $lwrap_1$；

3. SP 和 CS 调用 $F_{\text{Mill}}$，其中 SP 的输入是 $(p + (p-1)/2 - \langle x \rangle_0)$，CS 的输入是 $\langle x \rangle_1$。SP 和 CS 分别获得 $\langle rwrap \rangle_0$ 和 $\langle rwrap \rangle_1$；

4. SP 和 CS 调用 $F_{\text{AND}}$，其中 SP 和 CS 的输入是 $\langle wrap \rangle$ 和 $\langle lwrap \rangle$。SP 和 CS 获得 $\langle zl \rangle$；

5. $SP$ 和 $CS$ 调用 $F_{AND}$，其中 $SP$ 和 $CS$ 的输入是 $\langle wrap \rangle$ 和 $\langle rwrap \rangle$。$SP$ 和 $CS$ 获得 $\langle zr \rangle$；

6. $SP$ 和 $CS$ 分别输出 $1 \oplus \langle zl \rangle_0 \oplus \langle zr \rangle_0$ 和 $\langle zl \rangle_1 \oplus zr \rangle_1$。

**3. 余弦相似度计算**。利用预计算过程中的矩阵乘法，余弦相似度的计算可以在非交互的情况下完成，同时不需要调用密码学技术，详细协议展示在图 4-2 中。具体步骤如下。

(1) 在预计算过程中，计算服务器持有 $\delta$，对所有 $i \in [n]$，设置 $\langle \cos_i \rangle_1 = \delta[i]$。

(2) 云服务器计算 $tmp = \langle R \rangle_0 g_s + \langle R \rangle_1 g_s - \delta$，对所有 $i \in [n]$，设置 $\langle \cos_i \rangle_0 = tmp[i]$。可以验证 $\cos_i = R g_s[i] = g_i^T g_s$。

**4. 置信分数计算**。该步骤利用算法 4-4 中的 ReLU 协议进行评估，该协议通过调用算法 4-3 中的 DReLU 协议和算法 4-5 中布尔整数乘法实现。详细的步骤如下。

**算法 4-4** 保护隐私的 ReLU 协议

**参数**：理想函数 $F_{DReLU}$ 和 $F_{BmulA}$。

**输入**：$SP$ 和 $CS$ 分别持有 $\langle x \rangle_0$ 和 $\langle x \rangle_1$。

**输出**：$SP$ 和 $CS$ 分别获得 $\langle ReLU(x) \rangle_0$ 和 $\langle ReLU(x) \rangle_1$。

1. $SP$ 和 $CS$ 调用 $F_{DReLU}$，其中 $SP$ 和 $CS$ 的输入是 $\langle x \rangle$。$SP$ 和 $CS$ 获得 $\langle y \rangle^B$；

2. $SP$ 和 $CS$ 调用 $F_{BmulA}$，其中 $SP$ 和 $CS$ 的输入是 $\langle x \rangle$ 和 $\langle y \rangle^B$。$SP$ 和 $CS$ 获得 $\langle z \rangle$；

3. $SP$ 和 $CS$ 设置 $\langle ReLU(x) \rangle = \langle z \rangle$。

(1) 对于每个 $i \in n$，云服务器和计算服务器运行 ReLU 协议，其中协议输入分别为 $\langle ReLU(\cos_i) \rangle_0$ 和 $\langle ReLU(\cos_i) \rangle_1$。

(2) 云服务器和计算服务器运行布尔整数乘法协议来评估 $TS_i \rangle =$

$flag_i\rangle^B\langle ReLU(\cos_i)\rangle$。协议执行之后，云服务器获得$\langle TS_i\rangle_0$，计算服务器获得$\langle TS_i\rangle_1$。

**算法 4-5** 保护隐私的布尔整数乘法

**参数**：理想函数 $F_{\text{COT}}$。

**输入**：SP 和 CS 持有 $a\in Z_p$ 的算数秘密分享和 $b\in Z_2$ 的布尔秘密分享。

**输出**：SP 和 CS 获得 $c=ab\in Z_p$ 的算数秘密分享。

1. SP 和 CS 设置相关输入 $f_0 = -\langle b\rangle_0^B\langle a\rangle_0 + (1-\langle b\rangle_0^B)\langle a\rangle_0$ 和 $f_1 = -\langle b\rangle_1^B\langle a\rangle_1 + (1-\langle b\rangle_1^B)\langle a\rangle_1$；
2. 两方调用 $F_{\text{COT}}(f_0, \langle b\rangle_0^B)$，其中 SP 作为发送者获得 $x$，CS 作为接收者获得 $y$；
3. 两方调用 $F_{\text{COT}}(f_1, \langle b\rangle_0^B)$，其中 CS 作为发送者获得 $x'$，SP 作为接收者获得 $y'$；
4. SP 设置$\langle c\rangle_0 = \langle c\rangle_0^B\langle a\rangle_0 - x + y'$，CS 设置$\langle c\rangle_1 = \langle c\rangle_1^B\langle a\rangle_1 - x' + y$。

**5. 加权聚合**。计算本地梯度的加权聚合的核心是评估标量和向量的乘积 $TS_i\cdot g_i$。主要的挑战是现有的方法计算 $TS_i\cdot g_i$ 需要通信 $2ld+2l$ 比特，其中 $d$ 是梯度的维度，$l$ 是每个元素的比特长度。为了解决这个挑战，论文提出了定制化的标量和向量乘积协议。主要的想法是，在有效性检查中，用于隐藏 $g_i$ 的掩码 $a_i$ 能够在标量向量积协议中被重用。这导致了 $\frac{2ld+2l}{2l}d+1$ 的通信提高。图 4-3 展示了协议方法，详细的步骤如下所示。

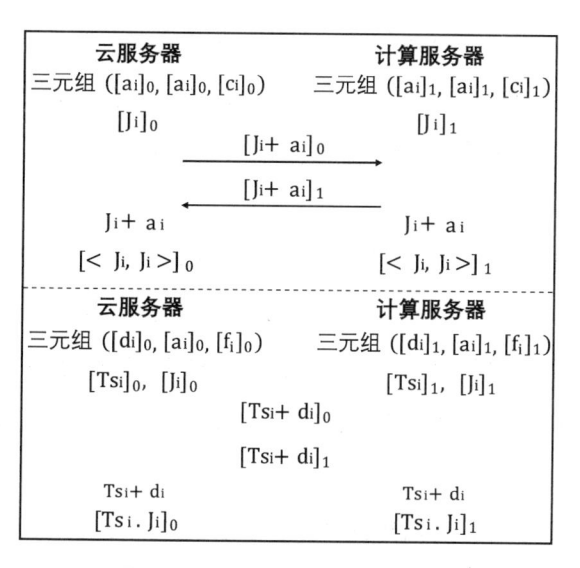

```
          云服务器                        计算服务器
    三元组 ([ai]₀, [ai]₀, [ci]₀)    三元组 ([ai]₁, [ai]₁, [ci]₁)
          [Ji]₀                         [Ji]₁
                    [Ji+ ai]₀
                  ───────────→
                    [Ji+ ai]₁
                  ←───────────
          Ji+ ai                       Ji+ ai
          [< Ji, Ji >]₀                [< Ji, Ji >]₁
    ─ ─ ─ ─ ─ ─ ─ ─ ─ ─ ─ ─ ─ ─ ─ ─ ─ ─ ─ ─ ─ ─ ─ ─
          云服务器                        计算服务器
    三元组 ([di]₀, [ai]₀, [fi]₀)    三元组 ([di]₁, [ai]₁, [fi]₁)
          [Tsi]₀, [Ji]₀                 [Tsi]₁, [Ji]₁
                    [Tsi+ di]₀
                  ───────────→
                    [Tsi+ di]₁
                  ←───────────
          Tsi+ di                      Tsi+ di
          [Tsi. Ji]₀                   [Tsi. Ji]₁
```

图 4-3　定制化的 Beaver 乘法

上半部分为归一化有效性检查的乘法协议，下半部分为加权聚合的乘法协议

（1）云服务器和计算服务器运行 Beaver 乘法协议来计算 $\langle TS_i g_i \rangle$。协议执行之后，云服务器获得 $\langle TS_i g_i \rangle_0$，计算服务器获得 $\langle TS_i g_i \rangle_1$。

（2）云服务器和计算服务器分别计算 $\langle \Sigma_{i \in [n]} TS_i g_i \rangle_0$ 和 $\langle \Sigma_{i \in [n]} TS_i g_i \rangle_1$。随后，计算服务器发送 $\langle \Sigma_{i \in [n]} TS_i g_i \rangle_1$ 给云服务器。云服务器重构 $\Sigma_{i \in [n]} TS_i g_i$。

## 4.4　安全性证明

下面，本节主要证明基于预处理的矩阵乘法协议的安全性。密文环境下拜占庭联邦防御方案的安全性可以直接规约到调用的底层协议的安全性。

**定理 4.1**　图 4-2 的矩阵乘法协议安全实现了矩阵乘法理想功能 $F_{MatMul}$，假设加法同态加密是语义安全的。

证明：本章分别讨论 SP 和 CS 被敌手攻击的安全性。

**1. SP 被攻击时的不可区分性证明。** 模拟器 Sim 执行以下操作：

(1) Sim 获得 SP 的输入 $g_s$ 和 $\langle R \rangle_0$，将它们发送至 $F_{\text{MatMul}}$，获得输出分享 $u'$。

(2) Sim 采样公钥 $pk$，加密 $u'$ 获得 $\tilde{u}' = \text{AHE.Enc}(pk, u')$。

(3) Sim 输出 $g_s$，$\tilde{u}'$，以及 Sim 模拟 SP 需要的随机数。

模拟器模拟的 SP 的视图与真实协议下 SP 的视图是不可区分的，因为在真实协议和模拟协议中，敌手的视图都是 $u'$ 以及其密文 $\tilde{u}' = \text{AHE.Enc}(pk, u')$。

**2. CS 被攻击时的不可区分性证明。** 模拟器 Sim 执行以下操作：

(1) Sim 获得 CS 的输入 $\langle R \rangle_1$，将它们发送至 $F_{\text{MatMul}}$，获得输出分享 $\delta'$。

(2) Sim 采样公钥 $pk$，计算 $\tilde{g}'_s \leftarrow \text{AHE.Enc}(pk, 0)$，

(3) Sim 输出 $\tilde{g}'_s$ 以及 Sim 模拟 CS 需要的随机数，包括采样 $\delta'$ 需要的随机数。

假设底层同态加密是语义安全的，模拟器模拟的 CS 的视图与真实协议下 CS 的视图是不可区分的。真实协议和模拟协议的敌手试图区别是，模拟协议中敌手接收到一个 0 的密文，而不是 $g_s$ 的密文。安全性可以直接规约到底层同态加密的语义安全性中。因此，本章设计的协议是安全的。

## 4.5 实验

本节首先介绍实验设置，包括实验环境、数据与模型等；其次，展示本章所提出的密码协议的性能；最后，给出本书拜占庭防御方法的性能。

### 4.5.1 实验设置

**实验环境设置**：本章的密码协议利用 C++ 语言进行实现，主要依赖于 SEAL 代码库和 EzPC 代码库。SEAL 代码库用于实现本章基于加法同态加密的矩阵乘法协议，EzPC 代码库用于实现本章比较、截断等安全多方计算协议。此外，本章的联邦学习训练利用 Python 语言进行实现，实验设置主要遵循拜占庭防御联邦学习方案 FLTrust[40]。本章方案在一台 2.10 GHz 主频、16 GB 内存的 Intel Xeon(R) CPU E5-2620 v4 机器上进行了测试。此外，本章模拟了一个局域网网络(LAN)进行通信，并与现有工作进行比较。

**1. 数据集和模型架构**：论文实验采用 HAR、MNIST 和 CIFAR-10 等三个数据集。全局模型包括一个逻辑回归分类器(LR)[40]、一个浅层卷积神经网络 LeNet[124]，以及一个广泛使用的残差神经网络 ResNet20[125]。默认情况下，所有参与方使用独立同分布(independent and identically distributed, IID)的数据集。此外，本书利用现有方法[36,40]模拟了非独立同分布(Non-IID)的数据集。

**2. 拜占庭攻击类型**：本节采用两种主流的拜占庭攻击，来测试所提方案的防御能力，包括数据投毒攻击和模型投毒攻击。前一种攻击是指在训练样本中进行投毒，本节考虑了主流的标签翻转攻击[40]，其中恶意参与方将每个样本的标签更改为任意错误的标签。后一种攻击是指在上传的模型梯度上进行恶意篡改，本节采用了与现有工作[36]相同的攻击设置。模型投毒攻击甚至可以破坏现有拜占庭防御的联邦学习方案，如 Krum。

### 4.5.2 方案密码协议的性能

下面展示并分析方案整体和基础构建块的计算和通信开销，以及与现有工作进行开销对比。在此之前，首先给出与现有工作在功能性上的对比。见表 4-1 所列，本节方案同时实现了隐私性、抵抗拜占庭攻击、可扩展性和参与方效率。

**1. 整体性能**。图 4-4 和图 4-5 展示了本节方案的运行时间和通信开销。从图 4-4 中可以发现，云服务器和计算服务器的运行时间和通信开销随着参与方数量的增加而呈线性增长。类似地，图 4-5 也说明了云服务器和计算服务器的运行时间和通信开销随着梯度向量长度的增加而呈线性增长。主要原因是本书方案实现了 $O(dn)$ 的开销复杂度，其中 $d$ 表示梯度向量的长度，$n$ 是参与方的数量。这表明本书方案具有优异的可扩展性，可以应用在大规模参与方和高维度梯度数据的场景。此外，方案中云服务器和计算服务器的运行时间和通信开销差异很小，原因是云服务器和计算服务器需要交互执行安全两方计算，所需的运算量大致相同。

表 4-1 与现有联邦学习工作在功能性上的比较

| 方案 | 关键技术 | 机密性 | 完整性 | 可扩展性 | 参与方效率 |
|---|---|---|---|---|---|
| [5] | MPC + FedAvg | √ | √ | × | × |
| [126] | MPC + FedAvg | √ | × | √ | × |
| [127] | HE + FedAvg | √ | × | × | × |
| [128] | HE + FedAvg | √ | × | × | × |
| [41] | MPC + Krum | √ | √ | × | √ |
| [42] | MPC + Krum | √ | √ | × | × |
| [44] | MPC + 余弦相似度 | √ | √ | × | √ |
| 本书方案 | 混合 MPC&HE + 密码友好的 FLTrust | √ | √ | √ | √ |

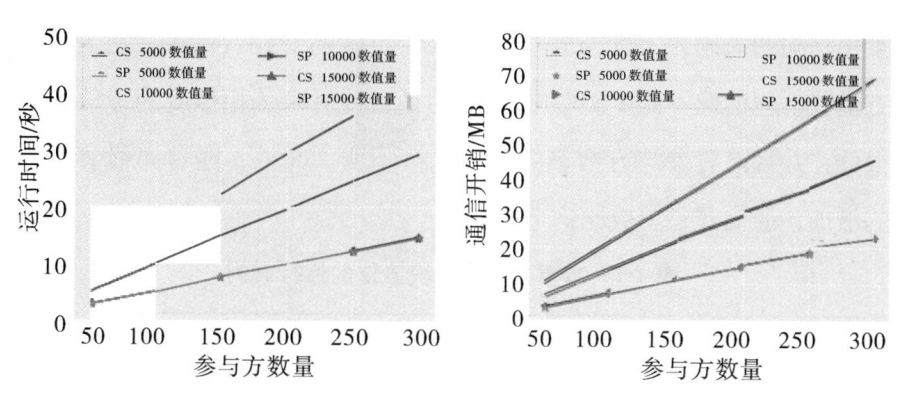

**图4-4　不同参与方数量下，方案的运行时间和通信开销**

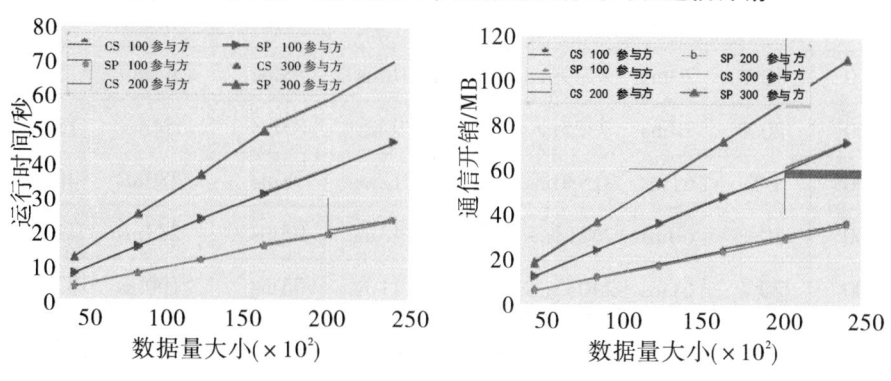

**图4-5　不同数据量大小下，方案的运行时间和通信开销**

**2. 基础构建块性能。**表4-2和表4-3详细展示了本章方案中每个构建块的运行时间和通信开销。见表4-2所列，归一化有效性检查和余弦相似度计算步骤占据了大部分运行时间。通过在预处理阶段对矩阵乘法进行预处理，余弦相似度计算的在线开销仅需要不到13 ms。对于加权聚合步骤，由于有效性检查阶段生成的加掩码梯度可在此步骤中被重复使用，该步骤的运行时间只需不到230 ms。与为每次计算生成新掩码的传统方法相比，本章的有效性检查和加权聚合步骤的开销减少了约一半。此外，从结果中可以看出，本章方案能够抵御参与方掉线，主要原因是本章利用加法秘密分享。并且，随着掉线参与方数量的增加，计算开销将成比例地减少。表4-3展示了构建块的通信开销。其中，有效性检查步骤相对于其他操作产生了相对较高的通信开销。然而，类似于上述对运行时间的分析，通过在本地梯度中重用相同的掩码，大大节省了加权聚合步骤的开销。例如，在100个参与方设置下通信量不到1 KB。更重要的是，针对余弦相似度的评估通信开销很低，并且随着参与方数量的增加保持不变。此外，随着掉线参与方数量的增加，通信开销将成比例地减少。

表4-2　本章基础构建块协议的运行时间

| 参与方数量 | 掉线率 | 梯度分享 | 归一化检查 | 相似度计算 | 置信分数计算 | 加权聚合 | 总时间 |
|---|---|---|---|---|---|---|---|
| 100 | 0% | 20ms | 9730ms | 6804ms/10ms | 92ms | 67ms | 16723ms |
| 100 | 10% | 20ms | 8739ms | 6244ms/10ms | 88ms | 62ms | 15163ms |
| 100 | 20% | 20ms | 7725ms | 5637ms/9ms | 83ms | 54ms | 13528ms |
| 300 | 0% | 61ms | 31530ms | 16219ms/12ms | 98ms | 230ms | 48150ms |
| 300 | 10% | 60ms | 26213ms | 14735ms/13ms | 95ms | 213ms | 41329ms |
| 300 | 20% | 61ms | 24033ms | 12929ms/11ms | 93ms | 190ms | 37317ms |

注：其中梯度向量长度固定为10000维。"相似度计算"列中的值表示预处理/在线开销。

表4-3　本章基础构建块协议的通信开销

| 参与方数量 | 掉线率 | 梯度分享 | 归一化检查 | 相似度计算 | 置信分数计算 | 加权聚合 | 总时间 |
|---|---|---|---|---|---|---|---|
| 100 | 0% | 0KB | 15689.2KB | 512.1KB/0KB | 66.4KB | 0.8KB | 16268.5KB |
| 100 | 10% | 0KB | 14124.7KB | 512.1KB/0KB | 65.2KB | 0.7KB | 14702.7KB |
| 100 | 20% | 0KB | 12558.3KB | 512.1KB/0KB | 62.8KB | 0.6KB | 13133.8KB |
| 300 | 0% | 0KB | 46988.7KB | 512.1KB/0KB | 109.1KB | 2.3KB | 47612.2KB |
| 300 | 10% | 0KB | 42293.2KB | 512.1KB/0KB | 104.2KB | 2.1KB | 42911.6KB |
| 300 | 20% | 0KB | 37597.9KB | 512.1KB/0KB | 87.4KB | 1.9KB | 38199.3KB |

注：其中，梯度向量长度固定为10000维，"相似度计算"列中的值表示预处理/在线开销。

**3. 与现有工作的性能对比**。为了展示本章方案的高效性，本章使用通用的安全多方计算技术实现了目前先进的密文环境下拜占庭防御方法，包括保护隐私的 Krum[41] 和保护隐私的 FLTrust[40]，以及保护隐私的余弦相似度防御（称为 CosineFL）[44]。图 4-6 和图 4-7 展示了上述方案详细运行时间和通信开销。图 4-6 展示了不同参数规模的三个模型架构的实验结果，可以观察到，相比于现有的保护隐私的拜占庭防御协议，本章方案所需的运行时间减少了 2～97 倍，并且通信开销降低了 2.5～129 倍。主要原因是，本章提出的矩阵乘法预处理和定制化的有效性检查技术显著减少了运行时间和通信开销。图 4-7 展示了不同参与方数量的实验结果，可以观察到，随着参与方数量的增加，本方案的运行时间和通信开销具有更大的优势。这是因为本方案实现了 $O(dn)$ 的计算和通信复杂度，而现有的方法则需要 $O(dn^2)$ 的复杂度。实际上，保护隐私的 FLTrust 也实现了 $O(dn)$ 的计算和通信复杂度，但耗时的矩阵乘法和倒数平方根运算降低了其性能。总体而言，在不同参与方数量中，本章方案在评估保护隐私的拜占庭防御时所需的时间减少了 7～214 倍，并且通信开销减少了 3～327 倍。

参与方数量固定为 10。

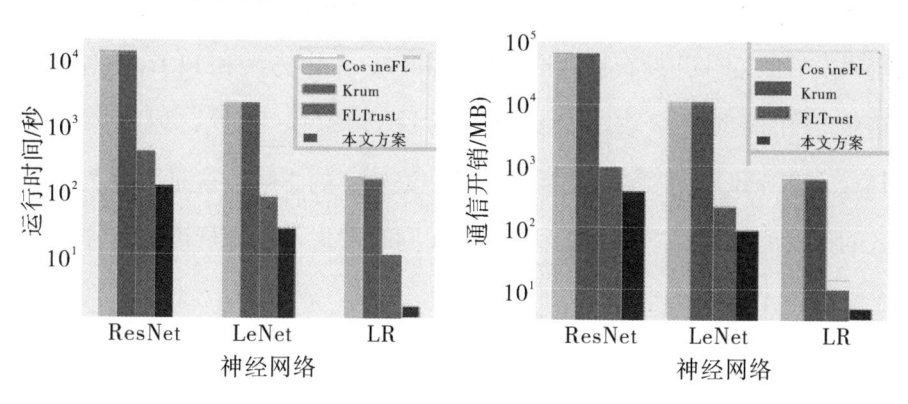

图 4-6　不同模型下，与现有方案的运行时间和通信开销对比

模型固定为 LR。

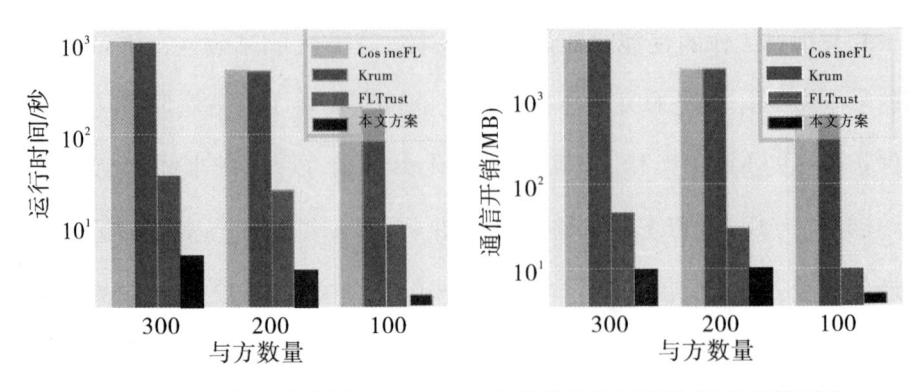

图 4-7 不同参与方数量下，与现有方案的运行时间和通信开销对比

### 4.5.3 方案拜占庭防御的性能

下面展示并分析方案拜占庭防御的效果，以及与现有工作进行防御效果对比。

**1. 与现有工作的防御效果对比**。本节将本书方案与现有的工作进行了比较，包括 FedAvg[7]、Krum[32] 和 FLTrust[40]。表 4-4 显示了上述不同联邦学习算法在不同攻击设置和不同数据集下的测试集错误率。首先，可以观察到，当不存在拜占庭攻击时，本方案的准确率与传统的 FedAvg 方法相当。此外，本方案的测试集错误率与先进的 FLTrust 类似，这表明本章设计的密码友好的变体并没有牺牲准确率。其次，本章方案和 FLTrust 对于标签翻转攻击和模型投毒攻击都具有拜占庭鲁棒性。相反，现有方法，如 FedAvg 和 Krum，仍然容易受到这些拜占庭攻击的影响。这是因为为了抵抗强大的拜占庭攻击，本章方案和 FLTrust 同时考虑了本地梯度的大小和方向两个维度。

表4-4  本章方案与现有方案在测试集误差的对比

| 数据集 | 无拜占庭攻击 | | | 标签翻转攻击 | | | 模型投毒攻击 | | |
|---|---|---|---|---|---|---|---|---|---|
| | HAR | MNIST | CIFAR | HAR | MNIST | CIFAR | HAR | MNIST | CIFAR |
| FedAvg[7] | 0.03 | 0.04 | 0.16 | 0.17 | 0.06 | 0.21 | 0.03 | 0.10 | 0.24 |
| Krum[32] | 0.12 | 0.10 | 0.54 | 0.10 | 0.10 | 0.56 | 0.22 | 0.90 | 0.90 |
| FLTrust[40] | 0.04 | 0.04 | 0.18 | 0.04 | 0.04 | 0.18 | 0.04 | 0.04 | 0.18 |
| 本章方案 | 0.03 | 0.04 | 0.19 | 0.03 | 0.04 | 0.19 | 0.04 | 0.04 | 0.19 |

注：恶意参与方比例固定为20%，参与方数量固定为100。

**2. 参与方数量对防御效果的影响**。图4-8展示了在不同参与方数量下的测试错误率。可以观察到，随着参与方数量的增加，本章方案在标签翻转攻击和模型投毒攻击下保持稳定的测试错误率，与没有受到攻击的FedAvg相似。具体来说，本章方案在上述攻击下的测试错误率接近0.04。然而，在不同的参与方数量下，Krum方法无法抵御标签翻转攻击和模型投毒攻击，分别表现为约0.1和0.9的测试错误率。因此，与其他方法相比，本章方案在不同参与方数量下都展示了出色的拜占庭鲁棒性。

**3. 恶意参与方比例对防御效果的影响**。图4-9展示了在标签翻转攻击和模型投毒攻击下，各个方案在面对不同比例的恶意参与方时的测试错误率。可以观察到，本章方案可以抵抗高达80%的拜占庭参与方，与没有任何攻击的FedAvg具有相当的测试错误率。具体来说，在测试错误率低于0.1时，本章方案可以抵御95%的恶意参与方共同发起标签翻转攻击，以及80%的恶意方共同发起模型投毒攻击。然而，尽管在恶意方数量很少的情况下，现有的拜占庭防御的联邦学习方案，如Krum，仍然容易受到攻击。例如，在标签翻转攻击下，Krum方法只能抵御40%的恶意参与方，同时牺牲约5%的测试准确率。在模型投毒攻击下情况更糟，即使只有10%的恶意方仍然能够完全破坏联邦学习的训练过程。因此，相比于当前方案，本章方案能够抵御更高比例的恶意参与方。

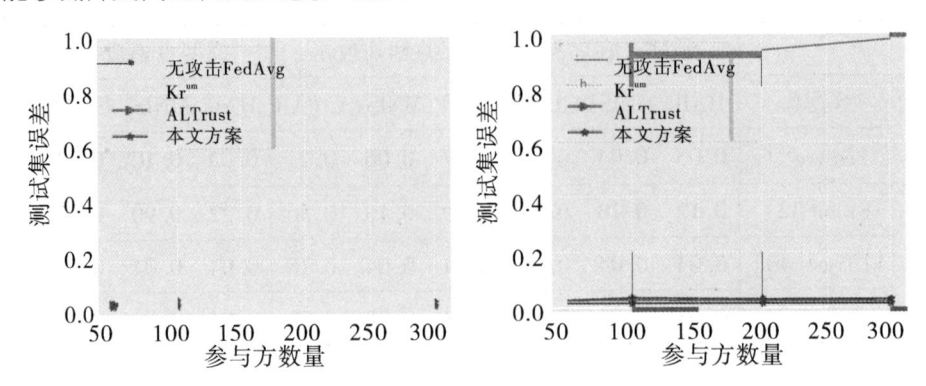

图 4-8　不同参与方数量下，标签反转攻击（左）和模型投毒攻击（右）下的测试集误差（恶意参与方比例固定为 20%。）

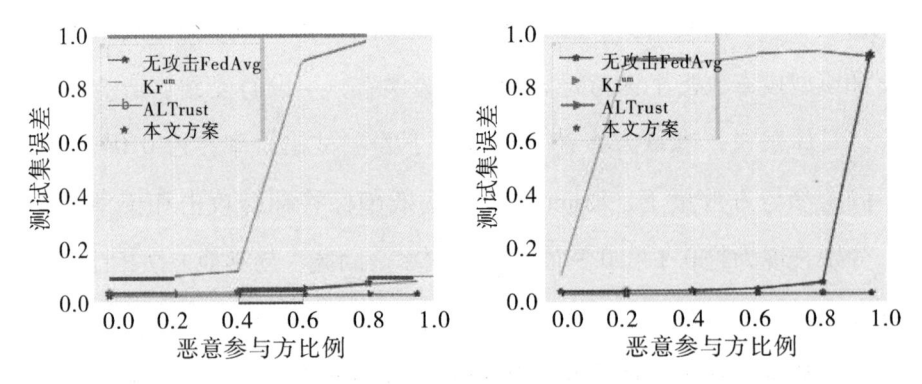

图 4-9　不同恶意参与方比例下，标签反转攻击（左）和模型投毒攻击（右）下的测试集误差（参与方数量固定为 100。）

**4. 数据分布对防御效果的影响**。为了测试数据分布对防御效果的影响，本章使用现有工作[36,40]中的方法模拟了非独立同分布（Non-IID）的数据集。具体来说，假设在分类任务中有 $M$ 个类别，则参与方被均匀分成 $M$ 组。随后，将标签为 $m$ 的样本以概率 $\beta$ 分配给第 $m$ 组，以概率 $\frac{1-\beta}{M-1}$ 分配给其他任何组。简而言之，$\beta$ 的值控制着非独立同分布程度。当 $\beta = \frac{1}{M}$ 时，表示数据分布独立同分布，而 $\beta$ 值越高，参与方仅持有来自一个类别的样本的可能性就越大。本节在 MNIST 数据集上评估了非独立同分布程度对测试误差的影响，其中恶意方的比例固定为 20%，参与方的数量固定为 100。图 4-10 展示了当验证数据集的非独立同分布程度发生变化时，本章方案在不同攻击下的测试误差，即无攻击、标签翻转攻击和模型投毒攻击。可以观察到，当验证数据集的非独立同分布程度低时，本书方案展示了准确性以及拜占庭鲁棒性。特别是，在非独立同分布参数 $\beta \leqslant 0.4$ 时，本书方案实现了与没有任何攻击情况下的 FedAvg 相当的测试误差。此外，图 4-10 还展示了参与方本地数据集为非独立同分布时的影响。实验结果表明，在参与方数据集的非独立同分布参数 $\beta \leqslant 0.6$ 时，本章方案实现了出色的性能，即测试误差小于 0.1。因此，当参与方的数据分布差异不太大时，本章方案表现良好。

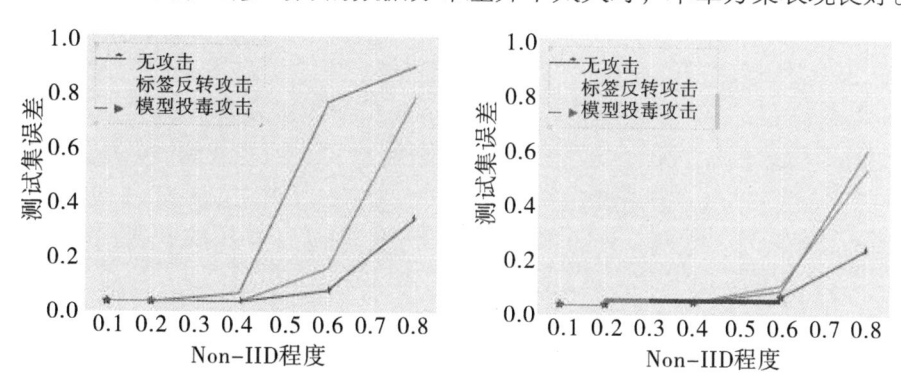

图 4-10　不同 Non-IID 程度的云服务器数据集（左）和参与方数据集（右）下的测试集误差

## 4.6　本章小结

本章研究了深度学习训练阶段的数据完整性保护技术。首先，本章首先提出了一个密码学友好的拜占庭防御策略。该防御策略基于当前先进的

FLTrust，识别了当应用于密码学方案时的效率瓶颈，提出了两个密码学的优化。其次，本章扩展了上文密码学友好的防御策略，实现了一个密文环境下抵抗拜占庭攻击的联邦学习方案。该方案设计了高效的矩阵乘法预处理协议，以及轻量级的非线性函数评估协议，有效降低了现有方案的计算和通信复杂性。最后，本章验证了所提方案的计算和通信开销，以及拜占庭防御能力。

# 第五章

# 预测阶段的数据机密性保护技术研究

本章研究预测阶段的数据机密性保护技术，主要关注基于Transformer架构的复杂语言模型的保护隐私预测方案，设计了保护隐私的高维度矩阵乘法和复杂非线性函数协议，在支持模型预测功能性的同时，实现了预测阶段数据机密性保护。

## 5.1 引言

基于云服务器的预测服务已经被谷歌、微软等巨头公司广泛部署，参与方以简单的查询方式获取预测结果。预测服务极大地降低了用户运行开销，提高了灵活性，尤其是应用在当今火热的语言模型应用场景中。语言模型主要基于Transformer架构[81,129-132]，在自然语言处理方面展示了强大的表达能力。作为一种新的深度学习架构，Transformer[81]主要利用自注意力机制来计算中间表示，而无须传统神经网络中递归或卷积操作。基于Transformer的变种，如BERT[129]和GPT[130]，在许多真实世界的任务上都取得了最先进的性能。Transformers和其他大语言模型成功促进了新兴的推理服务和应用，例如 ChatGPT。

然而，当前基于云服务器的预测系统存在严重的隐私问题[133]。用户需要向云服务器发送机密的预测输入，使得不可信的云服务器直接收集用户的隐私信息，侵犯用户数据机密性。例如，在基于云的电子医疗预测服务中，用户的查询数据通常包含高度敏感的健康状况、疾病史等信息，不能直接公开给云服务器。同时，云服务器不愿公开基于 Transformer 的语言模型，原因是构建这样的模型需要大量的数据和计算资源[134]。因此，当前预测系统存在着性能与隐私约束之间的代沟，这促使本书对针对 Transformer 架构的保护隐私模型预测进行研究。

保护隐私预测的目标是保护云服务器的模型权重不被泄露给用户，同时确保云服务器不能窃取用户的隐私输入信息。最近，许多工作[51,52,56,135,136]开展了针对传统神经网络(例如，卷积神经网络)的保护隐私预测的研究。这些研究利用安全两方计算技术来保护机密信息，同时取得了优异的性能表现。然而，由于 Transformer 架构与传统神经网络架构的显著差别，针对 Transformer 架构的保护隐私的预测面临几个新的挑战。一方面，不同于传统神经网络利用矩阵-向量乘法，基于 Transformer 的语言模型涉及大量的高维矩阵乘法，尽管可以直接将现有的矩阵-向量乘法协议扩展到本书矩阵乘法中，但是即使使用最高效的协议设计[52]也需要大量的密文交互，从而导致极高的通信开销。

另一方面，不同于传统神经网络中的 ReLU 和 Maxpool 等密码学友好的非线性函数，基于 Transformer 的语言模型使用了更复杂的非线性函数，如 Softmax、GELU 激活函数[82]和 LayerNorm。现有方法要么使用精度受损的高阶多项式来近似这些复杂非线性函数[55-56]，要么仅支持特定场景下的受限制的数学函数的评估[54]。更糟糕的是，这些方法都需要消耗大量的计算资源，并且通常需要云服务器与用户间进行大量的通信。因此，为了促进基于 Transformer 的预测服务在隐私敏感场景中的广泛应用，为上述复杂操作设计高效的密码协议至关重要。

为了解决上述问题，本章提出了一个高效的针对 Transformer 架构的保护隐私预测框架。该框架确保整个预测过程中不泄露云服务器模型权重或用户输入的任何敏感信息。方案为复杂的 Transformer 操作设计了新的定制化协议，以减轻通信和计算开销，主要的协议贡献包括如下两个方面。第一，方案首先提出了一个定制化的基于同态加密的矩阵乘法协议。该协议设计一种紧凑的打包方法，将更多的明文输入打包到单个密文中，同时保留矩阵乘法的功能性。与当前最高效的矩阵-向量安全乘法协议[52]相比，所提协议在通信开销方面可以实现 $\sqrt{m} \times$ 的提升（$m$ 是输出矩阵的行数）。第二，方案为 Transformer 中复杂的非线性函数，如 Softmax、GELU 和 LayerNorm，设计了高效的密码协议。协议优化了现有 Softmax 中的指数运算开销，以及简化 GELU 和 LayerNorm 的评估逻辑。相比于现有技术[54]，这些优化使得所提框架在三个非线性函数上的运行时间减少了 $1.3 \sim 1.8 \times$，通信量降低了 $1.4 \sim 1.8 \times$。此外，这些协议在数值上是精确的，可以确保与明文模型相当的准确性。

综上所述，本章工作的主要贡献可总结如下。

（1）本章提出了一个高效的针对 Transformer 架构的保护隐私预测方案 Iron。

（2）本章设计了保护隐私的矩阵乘法协议和保护隐私的复杂非线性函数协议。

（3）本章进行大量的实验评估，展示在通信和计算效率方面的优势。

## 5.2 威胁模型

本章研究保护隐私的深度学习预测方案，方案包括用户和云服务器两个实体，具体如下。

（1）云服务器：云服务器持有训练好的深度学习模型，接收用户的预测请求，并将预测结果返回给用户。

（2）用户：用户持有预测样本，向云服务器请求预测服务，接收返回的预测结果。

类似于现有的保护隐私的深度学习预测方案[49-51,54]，本章假设诚实但好奇的概率多项式敌手。具体而言，敌手可以攻击云服务器或用户，在严格遵守协议流程的前提下，通过分析接收的消息，尝试推断另一个诚实实体的隐私信息。基于上述的敌手假设，本章主要目标是保护整个预测过程中云服务器的模型隐私以及用户的输入输出隐私。

## 5.3 保护隐私的 Transformer 模型预测方案

本章提出针对 Transformer 架构的保护隐私的语言模型预测技术，保证预测阶段数据的机密性。本章分别为 Transformer 架构复杂的线性层和非线性层设计协议，包括保护隐私的矩阵乘法协议和保护隐私的非线性函数协议。具体预测流程以及模型中各层与密文协议的对应关系在图 5-1 中给出。

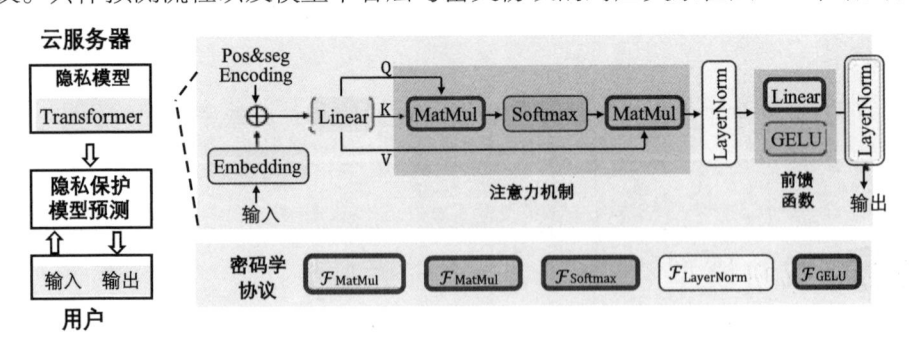

图 5-1 基于 Transformer 架构的保护隐私模型预测

### 5.3.1 保护隐私的矩阵乘法协议

为了解决当前矩阵乘法协议效率低下的问题,本书利用多项式编码技术,设计基于同态加密的矩阵乘法协议。方案的出发点是,在合理编排多项式系数的条件下,多项式乘法隐含了向量内积,并且可直接扩展到矩阵向量乘法计算[52]。首先简单回顾多项式乘法。令 $A_{N,2^t e}$ 表示多项式环 $Z_{2^{-e}}[x]/(x^N+1)$,$\hat{a} \in A_{N,p}$ 表示一个多项式,$\hat{a}[i]$ 表示 $\hat{a}$ 的第 $i$ 个系数。给定 $\hat{x}$,$\hat{y} \in A_{N,2e}$,多项式 $\hat{z} = \hat{x} \cdot \hat{y}$ 被定义为

$$\hat{z}[i] = \sum_{0 \leq j \leq i} \hat{x}[j] \cdot \hat{y}[i-j] - \sum_{i<j<N} \hat{x}[j] \cdot \hat{y}[N-j+i] \bmod 2^{\ell} \quad (5-1)$$

一个重要的观察是,输出多项式的第 $N-1$ 个系数是多项式 $\hat{x}$ 的正序系数和多项式 $\hat{y}$ 的逆序系数的内积[52]。

**基于多项式的矩阵乘法。** 为了扩展到矩阵 $X \in Z_{2^{\ell}}^{m \times n}$ 与矩阵 $Y \in Z_{2^{\ell}}^{m \times n}$ 的乘法,本书定义了两个映射函数 $\pi_L: Z_{2^{\ell}}^{m \times n} \to A_{N,2^{\ell}}$ 和 $\pi_R: Z_{2^{\ell}}^{m \times n} \to A_{N,2^{\ell}}$ 如下所示:

$$\hat{x} = \pi_L(X), \text{ s.t. } \hat{x}[i \cdot n \cdot k + (n-1) - j] = X[i,j], \text{ 其中 } i \in [m], j \in [n]$$

$$\hat{y} = \pi_R(Y), \text{ s.t. } \hat{y}[j \cdot n + i] = Y[i,j], \text{ 其中 } i \in [n], j \in [k]$$

其中,$\hat{x}$ 和 $\hat{y}$ 的所有其他系数都被设置为 0,并且 $mnk \leq N$。当 $mnk > N$,本章首先分割矩阵 $X,Y$ 成多个子矩阵,其中,子矩阵维度为 $m_w \times n_w$ 和 $n_w \times k_w$,满足 $m_w n_w k_w \leq N$。当 $m_w \nmid m$, $n_w \nmid n$ 或者 $k_w \nmid k$,需要利用 0 进行填充。重要的是,多项式的乘法结果 $\hat{z} = \hat{x} \cdot \hat{y}$ 包含了矩阵的乘法结果 $Z = X \cdot Y \bmod 2^{\ell}$。下面定理阐述乘法结果的正确,图 5-2 展示了本章矩阵乘法的示意图。

**定理 5.1** 假设 $mnk \leq N$,给定两个多项式 $\hat{x} = \pi_L(X)$ 和 $\hat{y} = \pi_R(Y)$,矩阵乘法 $Z = X \cdot Y \bmod 2^{\ell}$ 可以利用 $\hat{z} = \hat{x} \cdot \hat{y}$ 来表示,其中,对于 $i \in [m], j \in$

$[k]$，$Z[i, j] = \hat{z}[i \cdot n \cdot k + (j+1) \cdot n - 1]$。

证明：对于每个 $i \in [m]$ 和 $j \in [k]$，本章利用如下表示 $\varepsilon_{i,j} = i \cdot n \cdot k + (j+1) \cdot n - 1$。基于上述描述，对于 $\varepsilon_{i,j} \geq nk$，$\hat{z}[\varepsilon_{i,j}] = 0$ 成立。因此，根据等式5-1，$\hat{z}[\varepsilon_{i,j}] = \sum_{0 \leq \mu < n} \hat{x}[i \cdot n \cdot k + (n-1) - \mu]\hat{y}[j \cdot n + \mu] = \sum_{0 \leq \mu < n} X[i, \mu]Y[\mu, j]$ 成立，即为 $Z[i][j]$。

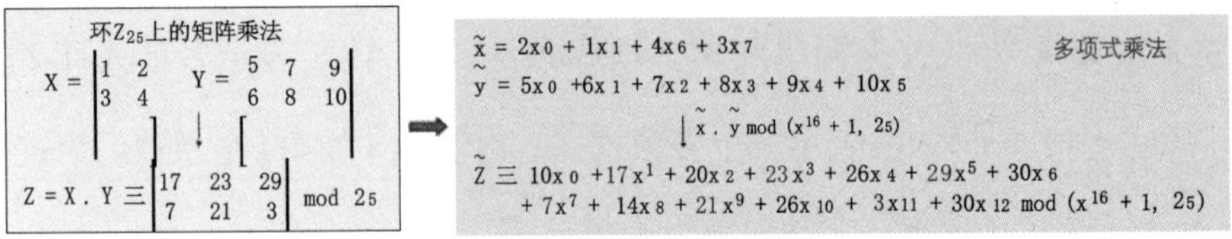

$$\text{环 } Z_{25} \text{ 上的矩阵乘法}$$
$$X = \begin{pmatrix} 1 & 2 \\ 3 & 4 \end{pmatrix} \quad Y = \begin{pmatrix} 5 & 7 & 9 \\ 6 & 8 & 10 \end{pmatrix}$$
$$Z = X \cdot Y \equiv \begin{pmatrix} 17 & 23 & 29 \\ 7 & 21 & 3 \end{pmatrix} \bmod 25$$

多项式乘法
$$\tilde{x} = 2x^0 + 1x^1 + 4x^6 + 3x^7$$
$$\tilde{y} = 5x^0 + 6x^1 + 7x^2 + 8x^3 + 9x^4 + 10x^5$$
$$\tilde{x} \cdot \tilde{y} \bmod (x^{16} + 1, 25)$$
$$\tilde{z} \equiv 10x^0 + 17x^1 + 20x^2 + 23x^3 + 26x^4 + 29x^5 + 30x^6 + 7x^7 + 14x^8 + 21x^9 + 26x^{10} + 3x^{11} + 30x^{12} \bmod (x^{16}+1, 25)$$

**图5-2 本章基于多项式的矩阵乘法示意图**

保护隐私的矩阵乘法协议。根据上述多项式乘法隐含了矩阵乘法的观察，本章利用当前基于多项式环的加法同态加密技术，如 BFV，构造矩阵乘法协议。详细的协议展示在算法5-1。

复杂性分析。双方交互 $\frac{k}{k_w}\left(\frac{m}{m_w} + \frac{n}{n_w}\right)$ 个密文，执行 $O(mnk/N)$ 密文同态加法和乘法运算。为了降低通信开销，本章提出一种优化方案，通过求解最优的参数 $m_w$，$n_w$，$k_w$，来最小化上述密文通信数量。该优化问题为

$$\min_{\{m_w, n_w, k_w\}} \frac{m}{m_w}\left(\frac{n}{n_w} + \frac{k}{k_w}\right) \tag{5-2}$$

使得 $m_w n_w k_w \leq N$，其中 $m$，$n$，$k$，$N$ 为常数。考虑到多变量优化的困难性，本章尝试获得次优解。首先固定 $m_w = m$，从而输入范围限制为 $n_w k_w \leq \frac{N}{m}$。

优化问题相应地转变为 $\min_{\{n_w, k_w\}} \frac{n}{n_x} + \frac{k}{k_x}$，使得 $n_w k_w \leq \frac{N}{m}$。下式

$$\frac{n}{n_w} + \frac{k}{k_w} = 1 \left|\frac{n_w}{n}\right| + 1 \left|\frac{k_w}{k}\right| \geq \frac{2\sqrt{nk}}{\sqrt{n_w k_w}} \geq \frac{2\sqrt{mnk}}{\sqrt{N}} \tag{5-3}$$

成立，其中，第一个不等式来源于 $\frac{1}{a} + \frac{1}{b} \geq \frac{2}{\sqrt{ab}}$ 第二个不等式是因为 $n_w k_w \leq$

$\frac{N}{m}$。因此，假设 $m_w = m$，次优的通信开销是 $\frac{2\sqrt{mnk}}{\sqrt{N}}$ 个密文。但是，需要注意的是，这里可能没有最优的解析解，因为论文需要设置变量为整数，而不是实数。因此，论文利用穷举搜索方法选取最优的分块策略。由于小的搜索范围，搜索开销可忽略不计。

**算法 5-1　保护隐私的矩阵乘法协议**

**参数**：一个加法同态加密方案 AHE，云服务器 S，用户 C。

**输入**：S 持有 $X \in Z_{2^\ell}^{m \times n}$，C 持有 $Y \in Z_{2^\ell}^{n \times k}$。

**输出**：S 和 C 分别获得 $\langle Z \rangle_0$，$\langle Z \rangle_1 \in Z_{2^\ell}^{m \times k}$，满足 $Z = X \cdot Y$。

1. C 执行 AHE. $\text{KeyGen}(1^k)$ 来生成公钥和私钥对 $(pk, sk)$，并发送公钥 $pk$ 至 S；

2. S 和 C 计算分割大小 $0 < m_w \leq m$，$0 < n_w \leq n$ 和 $0 < k_w \leq k$，使得 $m_w n_w k_w \leq N$。设置 $n' = \lceil n/n_w \rceil$，$m' = \lceil m/m_w \rceil$ 和 $k' = \lceil k/k_w \rceil$；

3. C 分割矩阵 $Y$ 为多个子矩阵 $Y_{\beta,\gamma} \in Z_{2^\ell}^{n_w \times k_w}$，其中 $\beta \in [n']$ 和 $\gamma \in [k']$；

4. C 编码这些矩阵为多项式 $\hat{y}_{\beta,\gamma} = \pi_R(Y_{\beta,\gamma})$，其中 $\beta \in [n']$ 和 $\gamma \in [k']$。然后，C 将密文 $\{ct_{\beta,\gamma} = \text{AHE. Enc}(pk, \hat{y}_{\beta,\gamma})\}$ 给 S；

5. S 分割矩阵 $X$ 为多个子矩阵 $X_{\alpha,\beta} \in Z_{2^\ell}^{m_w \times n_w}$，其中 $\alpha \in [m']$ 和 $\beta \in [n']$。S 编码这些矩阵为多项式 $\hat{x}_{\alpha,\beta} = \pi_L(X_{\alpha,\beta})$；

6. S 均匀随机地采样明文多项式 $\hat{\gamma}_{\alpha,\gamma}$，其中 $\alpha \in [m']$ 和 $\gamma \in [k']$。根据定理 5.1，S 解码这些多项式为随机掩码 $R \in Z_{2^\ell}^{m \times k}$；

7. S 接收到密文 $\{ct_{\beta,\gamma}\}$ 之后，计算 $ct'_{\alpha,\gamma} = \sum_{\beta \in [n']} (\hat{x}_{\alpha,\beta} \cdot ct_{\beta,\gamma}) \hat{\gamma}_{\alpha,\gamma}$，其中 $\alpha \in [m']$ 和 $\gamma \in [k']$。然后，S 将密文 $\{ct'_{\alpha,\gamma}\}$ 发送给 C；

8. S 输出 $R \bmod 2^\ell$ 作为 $\langle Z \rangle_0$ 的秘密分享；

9. C 接收到密文 $\{ct'_{\alpha,\gamma}\}$ 之后，计算 $\langle \hat{z}_{\alpha,\gamma} \rangle_1 = \text{AHE. Dec}(sk, ct'_{\alpha,\gamma})$。利用定理 5.1，它们可以被解码为 $\langle Z \rangle_1$。

## 5.3.2 保护隐私的非线性函数协议

为了解决当前密码协议缺乏对复杂的 Transformer 非线性函数支持的问题，本书利用现有的基础构建块技术，设计保护隐私的 Softmax、GELU、LayerNorm 等协议。本章首先介绍基础构建块协议，然后利用非线性函数的特定性质，设计高效的安全计算协议。

### 5.3.2.1 现有的基础构建块理想函数

首先介绍现有的基础构建块理想函数，例如比较、指数。这些基础构建块理想函数将被用于构建本书复杂非线性函数协议。

(1) 基于不经意传输的乘法 ($F_{\text{MulOT}}$ 和 $F_{\text{Mux}}$)：基于不经意传输的乘法理想函数 $F_{\text{MulOT}}$ 输入 $\langle x \rangle \in \{0,1\}^{\ell}$ 和 $\langle y \rangle \in \{0,1\}^{\ell}$，输出 $\langle z \rangle$，使得 $z = xy$。现有技术[51]利用相关不经意传输进行实现，需要 2 轮通信，消耗通信量 $\ell \cdot (k + \frac{\ell+1}{2})$，其中 $k$ 是计算安全参数。此外，一个乘法的变体是选择器理想函数 ($F_{\text{Mux}}$)，它输入 $\langle x \rangle^B \in \{0,1\}$ 和 $\langle y \rangle \in \{0,1\}^{\ell}$，输出 $\langle z \rangle \in \{0,1\}^{\ell}$，满足 $z = y$，如果 $x = 1$，否则 $z = 0$。选择器协议 $F_{\text{Mux}}$ 可以利用两次并行的相关不经意传输进行实现，需要 2 轮通信，消耗 $2 \cdot (k + \ell)$ 比特通信量。

(2) 比较 ($F_{\text{CMP}}$)：比较理想函数 $F_{\text{CMP}}$ 输入 $\langle x \rangle \in \{0,1\}^{\ell}$，输出 $\langle z \rangle$，满足 $z = 1\{x \geq 0\}$。最新技术[51]需要 $\log \ell$ 通信轮次，小于 $k\ell + 14\ell$ 的通信量。

(3) 负指数 ($F_{\text{nExp}}$)：负指数理想函数 $F_{\text{nExp}}$ 输入 $\langle x \rangle \in \{0,1\}^{\ell}$，其中 $x \leq 0$，输出 $\langle z \rangle$ 使得 $z = e^x$。最新技术 SIRNN[54] 提出了高效的协议构建，它调用数字分解来生成短比特长度的输入，然后调用基于不经意传输的查找表协议来计算短输入长度的指数。

(4) 倒数平方根 ($F_{\text{rSqrt}}$)：倒数平方根理想函数 $F_{\text{rSqrt}}$ 输入 $\langle x \rangle \in \{0,1\}^{\ell}$，输出 $\langle z \rangle \in \{0,1\}^{\ell}$ 使得 $z = \frac{1}{\sqrt{x}}$。最新技术 SIRNN[54] 提出了高效的协议构

建，它利用 Goldschmidt 迭代近似算法。

（5）倒数（$F_{\text{Recip}}$）：倒数理想函数 $F_{\text{Recip}}$ 输入 $\langle x \rangle \in \{0, 1\}^{\ell}$，输出 $\langle z \rangle \in \{0, 1\}^{\ell}$，满足 $z = 1/x$。最新技术 SIRNN[54] 提出了高效的协议构建，方案构造类似于协议 $F_{\text{rSqrt}}$。

### 5.3.2.2 保护隐私的 Softmax 协议

为了评估注意力层，本章设计了高效的基于秘密分享的 Softmax 协议。对于一个向量 $x \in Z_{2^\ell}^d$，Softmax 函数被表示如下，对于每一个 $i \in [d]$，

$$\text{Softmax}_i(\mathbf{x}) = e^{x_i} / \sum_{j \in [d]} e^{x_j} \tag{5-4}$$

类似于现有的工作[56,137]，本章首先调整输入向量为 $\mathbf{x} - \max_{i \in [d]} x_i$，使得所有数据都是负数。然后，本章调用小节 5.3.2.1 中的针对负数的指数理想函数[54]。上述变换正确性是成立的，因为 $\text{softmax}(\mathbf{x} - \max_{i \in [d]} x_i)$ 等于 $\text{softmax}(\mathbf{x})$。此外，本章通过调用比较和乘法，递归实现最大值理想函数 $F_{\max}$。具体而言，本章重新排列向量 $\mathbf{x} \in Z_{2^\ell}^d$ 为二叉树的形式，其中树的深度为 $\log d$，然后以自底向上的方式评估整个最大值协议。在每一次最大值比较时，比如比较两个秘密分享的 $x_i$ 和 $x_j$，本章调用 $F_{\text{CMP}}$ 和 $F_{\text{MulOT}}$ 进行实现，即

$$\max(x_i, x_j) = F_{\text{MulOT}}(x_i - x_j, F_{\text{CMP}}(x_i - x_j)) + x_j \tag{5-5}$$

详细的 Softmax 协议描述在算法 5-2 中。

### 5.3.2.3 保护隐私的 GELU 协议

区别于传统神经网络中的 ReLU 激活函数[51]，基于 Transformer 架构的语言模型利用复杂的 GELU 激活函数[82]。该激活函数可以近似表示为

$$\text{GELU}(x) = 0.5x\left(1 + \text{Tanh}\left[\sqrt{2/\pi}(x + 0.044715 x^3)\right]\right) \tag{5-6}$$

**算法 5-2** 保护隐私的 Softmax 协议

**参数**：云服务器 S，用户 C。

**输入**：S 和 C 分别持有 $\langle x \rangle_0 \in Z_{2^\ell}^d$ 和 $\langle x \rangle_1 \in Z_{2^\ell}^d$。

**输出**：S 和 C 分别获得 $\langle y \rangle_0 \in Z_{2^\ell}^d$ 和 $\langle y \rangle_1 \in Z_{2^\ell}^d$，其中 $y = \text{Softmax}(x)$。

1. S 和 C 调用 $F_{\max}(x)$ 来计算 $\langle \max(x) \rangle$，其中 $\max(x) = \max_{i \in [d]} x_i$；

**2.** 对于所有 $i \in [d]$,S 和 C 调用 $F_{\text{nExp}}$,输入为 $\langle \frac{1}{x_i} \rangle$,输出为 $\langle e^{\bar{x}_i} \rangle$,其中 $\bar{x}_i = x_i - \max(x)$;

**3.** S 和 C 调用 $F_{\text{Recip}}$,输入为 $\langle \sum_{i \in [d]} e^{\bar{x}_i} \rangle$,输出为 $\langle 1/\sum_{i \in [d]} e^{\bar{x}_i} \rangle$;

**4.** 对于所有 $i \in [d]$,S 和 C 调用 $F_{\text{MulOT}}$,输入为 $\langle 1/\sum_{i \in [d]} e^{\bar{x}_i} \rangle$ 和 $\langle e^{\bar{x}_i} \rangle$,输出为 $\langle y_i \rangle$。

本章提供了一个高效的保护隐私的 GELU 协议,其中包含两个关键的优化技术来提高协议效率。第一,本章首先优化针对秘密分享输入的平方协议。主要的观察如下:

$$x^2 = \langle x \rangle_0^2 + \langle x \rangle_1^2 + 2\langle x \rangle_0 \langle x \rangle_1 \tag{5-7}$$

其中,前两个计算项可以由云服务器和用户本地计算。本章仅调用不经意传输协议来计算交叉项 $2\langle x \rangle_0 \langle x \rangle_1$。相比于传统的乘法协议,这个优化减少了一半的通信开销。

第二,本章进一步优化 Tanh 协议的评估。Tanh 函数可以表示为

$$\text{Tanh}(x) = \frac{e^{2x} - 1}{e^{2x} + 1} \tag{5-8}$$

本章观察到 $x$ 的符号与 $\text{Tanh}(x)$ 的符号是相同的,这个观察降低调用负的指数协议的开销。大体来讲,Tanh 协议首先计算输入 $x$ 的符号,然后在负的 $\bar{x}$ 上计算 Tanh,其中 $|\bar{x}| = |x|$。最后,协议计算真实的输出 $\text{Tanh}(x)$ 如下。如果 $x \leq 0$,它等于 $\text{Tanh}(\bar{x})$;否则,等于 $-\text{Tanh}(\bar{x})$。详细的 Tanh 协议见算法 5-3。

**算法 5-3** 保护隐私的 Tanh 协议

**参数**：云服务器 S，用户 C。

**输入**：S 和 C 分别持有 $\langle x \rangle_0 \in \mathbb{Z}_{2^\ell}$ 和 $\langle x \rangle_1 \in \mathbb{Z}_{2^\ell}$。

**输出**：S 和 C 分别获得 $\langle y \rangle_0 \in \mathbb{Z}_{2^\ell}$ 和 $\langle y \rangle_1 \in \mathbb{Z}_{2^\ell}$，其中，$y = \text{Tanh}(x)$。

1. S 和 C 解析 $\langle x \rangle_0 = \text{ms}b_0 \| a_0$ 和 $\langle x \rangle_1 = \text{ms}b_1 \| a_1$。调用 $F_{\text{CMP}}$，S 和 C 的输入分别为 $2^{\ell-1} - a_0 - 1$ 和 $a_1$，输出为 $\langle carry \rangle^B$，其中，$carry = 1\{a_0 + a_1 > 2^{\ell-1} - 1\}$。S 输出 $\langle \text{MSB}(x) \rangle^B = \langle carry \rangle^B \oplus \text{ms}b_0$，C 输出 $\langle \text{MSB}(x) \rangle^B = \langle carry \rangle^B \oplus \text{ms}b_1$；

2. S 和 C 调用 $F_{\text{MulOT}}$，输入为 $\langle 2x \rangle$ 和 $\langle \text{MSB}(x) \rangle^B$，输出为 $\langle \bar{x} \rangle$，其中 $\bar{x} = 2x \cdot \text{MSB}(x) - x$ 总是负数，并满足 $|\bar{x}| = |x|$；

3. S 和 C 调用 $F_{\text{nExp}}$，输入为负的 $\langle 2\bar{x} \rangle$，输出为 $\langle e^{2\bar{x}} \rangle$；

4. S 和 C 调用 $F_{\text{Recip}}$，输入为 $\langle e^{2\bar{x}} \rangle$，输出为 $\langle \bar{y} \rangle$，其中 $\bar{y} = 1 - \dfrac{2}{e^{2\bar{x}} + 1}$；

5. S 和 C 调用 $F_{\text{MulOT}}$，输入为 $\langle \text{MSB}(x) \rangle^B$ 和 $\langle \bar{y} \rangle$，输出为 $\langle y \rangle$，其中 $y = \bar{y} + \text{MSB}(x) \cdot (-2\bar{y})$。

基于上述两个关键技术优化，具体的 GELU 协议在算法 5-4 中给出。

**算法 5-4** 保护隐私的 GELU 协议

**参数**：云服务器 S，用户 C。

**输入**：S 和 C 分别持有 $\langle x \rangle_0 \in \mathbb{Z}_{2^\ell}$ 和 $\langle x \rangle_1 \in \mathbb{Z}_{2^\ell}$。

**输出**：S 和 C 分别获得 $\langle y \rangle_0 \in \mathbb{Z}_{2^\ell}$ 和 $\langle y \rangle_1 \in \mathbb{Z}_{2^\ell}$，其中 $y = \text{GELU}(x)$。

1. S 和 C 调用 $F_{\text{MulOT}}$，输入为 $\langle x \rangle$，输出为 $\langle z \rangle = \text{Fix}(\sqrt{2/\pi})(\langle x \rangle + \text{Fix}(0.044715)\langle x \rangle^3)$；

2. S 和 C 调用 $F_{\text{Tanh}}$，输入为 $\langle z \rangle$，输出为 $\langle \text{Tanh}(z) \rangle$；

3. S 和 C 调用 $F_{\text{MulOT}}$，输入为 $\langle \text{Fix}(0.5)x \rangle$ 和 $\langle \text{Fix}(1) + \text{Tanh}(z) \rangle$，输出为 $\langle y \rangle$。

此外，本章利用已知的输入符号进一步优化协议开销。如现有工作[54]指出，安全计算协议可以利用已知的输入符号位进行优化。例如符号位已

知的截断协议需要 $O(\lambda(s+3))$ 的通信量，但是传统的截断协议需要 $O(\lambda(\ell+3))$ 通信量，其中 $\lambda$ 为计算安全参数，$\ell$ 为输入比特长度，$s$ 为小数的位数。下面详细阐述本章利用输入符号对算法 5-4 中的 GELU 协议的优化。对于 GELU，本章首先计算输入的符号位 $MSB(x)$，而不是直接调用 Tanh 协议，然后利用符号信息来优化后续的协议。GELU 等式可以被重写为

$$\text{GELU}(x) = 0.5(x + x\text{Tanh}[\sqrt{2/\pi}x(1 + 0.044715x^2)]) \qquad (5\text{-}9)$$

本章观察到 $1 + 0.044715x^2$ 和 $x\text{Tanh}[\sqrt{2/\pi}x(1 + 0.044715x^2)]$ 总是非负的，后者是因为 $x$ 的符号等于 $\text{Tanh}[\sqrt{2/\pi}x(1 + 0.044715x^2)]$ 的符号。上述优化有效降低密码协议的开销。

#### 5.3.2.4 保护隐私的 LayerNorm 协议

对于一个向量 $x \in Z_{2^\ell}^d$，LayerNorm 函数可以表示如下：

$$\text{LayerNorm}_i(x) = \gamma(x_i - \mu)/\sigma + \beta \qquad (5\text{-}10)$$

其中，$\mu = \Sigma_{i \in [d]} x_i / d$，$\sigma = \sqrt{\Sigma_{i \in [d]}(x_i - \mu)^2}$。不同于传统神经网络中的批归一化，LayerNorm 需要在预测阶段计算乘法和倒数平方根操作。本章观察到乘法是 LayerNorm 协议的主要瓶颈。为了解决这个问题，本章采用类似于 GELU 优化的思想，来降低计算 $x_i - \mu$ 平方的开销。该优化减少了一半的计算和通信开销。详细的协议展示在算法 5-5 中。

**算法 5-5** 保护隐私的 LayerNorm 协议

**参数**：云服务器 S，用户 C。

**输入**：S 和 C 分别持有 $\langle x \rangle_0 \in Z_{2^\ell}^d$ 和 $\langle x \rangle_1 \in Z_{2^\ell}^d$。

**输出**：S 和 C 分别获得 $\langle y \rangle_0$ 和 $\langle y \rangle_1$，其中 $y = \text{LayerNorm}(x)$。

1. 对于所有的 $i \in [d]$，S 和 C 调用 $F_{\text{MulOT}}$ 来计算 $\langle(x_i - \mu)^2\rangle$，其中 $\mu = \Sigma_{i \in [d]} x_i / d$；

2. S 和 C 调用 $F_{\text{rSqrt}}$，输入为 $\Sigma_{i \in [d]}\langle(x_i - \mu)^2\rangle$，输出为 $\langle \frac{1}{\sigma} \rangle$。

3. 对于所有的 $i \in [d]$，S 和 C 调用 $F_{\text{MulOT}}$，输入为 $\langle \frac{1}{\sigma} \rangle$ 和 $\langle x_i - \mu \rangle$，输出为 $\langle y_i \rangle$。

## 5.4 安全性证明

本节主要证明矩阵乘法协议的安全性。非线性数学函数的安全性可以直接规约到比较、倒数、倒数平方根、负指数和乘法协议的安全性。下面详细阐述上述矩阵乘法协议的安全性。

**定理 5.2** 在诚实但好奇敌手的设置下,算法 5-1 安全地实现了矩阵乘法功能,其中 S 和 C 分别输入矩阵 X 和 Y,获得秘密分享 $\langle Z \rangle_0$ 和 $\langle Z \rangle_1$,满足 $Z = XY$。

**证明**:基于定理 5.1,定理 5.2 的正确性显然成立。下面本节主要证明在用户或云服务器被敌手攻击时的安全性。安全性证明利用基于模拟的范例,说明在真实协议中敌手的视图和模拟器模拟的协议中敌手的视图是计算上不可区分的。

**1. 在云服务器被攻击情况下证明不可区分性**。云服务器的视图包括密文 $ct_{\beta,\gamma}$。模拟器 $Sim_S$ 通过以下方式模拟该视图。给定公开的参数,$Sim_S$ 输出 0 的密文 $ct_{\beta,\gamma} = Enc(0)$,并发送给敌手。

被攻击的云服务器的安全性可以直接规约到底层加法同态加密的安全性。因此,在真实协议中敌手的视图和模拟器模拟的协议中,敌手的视图是计算上不可区分的。

**2. 在用户被攻击情况下证明不可区分性**。用户的视图包括密文 $ct_{\beta,\gamma}$。模拟器 $Sim_C$ 通过以下方式模拟该视图。从用户接收到密文 $ct_{\beta,\gamma}$ 之后,$Sim_C$ 采样均匀随机的多项式 $\hat{r}_{\alpha,\gamma} \in A_{N,2^\ell}$,计算 $ct'_{\alpha,\gamma} = Enc(\hat{r}_{\alpha,\gamma})$,最后发送密文 $ct'_{\alpha,\gamma}$ 到用户端。

类似于上述分析,密文 $ct'_{\alpha,\gamma}$ 与密文 $ct'_{\alpha,\gamma}$ 计算上不可区分。除此之外,$\langle Z \rangle_1$ 在 $Z_{2^\ell}$ 上均匀分布,与 $\hat{r}_{\alpha,\gamma}$ 的分布相同。因此,在真实协议中敌手的视

图和模拟器模拟的协议中,敌手的视图是计算上不可区分的。

## 5.5 实验

在本节中,论文首先介绍实验设置,其次展示基础构建块协议的评估性能,最后展示保护隐私 Transformer 预测方案的评估性能。

### 5.5.1 实验设置

**1. 实验环境设置**。本章的密码协议利用 C++ 语言进行实现,主要依赖于 SEAL 代码库和 EzPC 代码库。SEAL 代码库用于实现本章基于加法同态加密的矩阵乘法协议,EzPC 代码库用于实现本章 Softmax、GELU、LayerNorm 等复杂非线性函数的安全多方计算协议。此外,本节还使用了 EzPC 代码库,将 TensorFlow 代码编译成安全计算协议。本节模拟了一个局域网(LAN)网络环境。与现有论文 SIRNN[54]类似,本节设置带宽为 377 MBps,延迟为 0.8 毫秒。所有协议的实验结果均在亚马逊 AWS c5.9xlarge 实例上进行测试,该实例配备了 3.6GHz Intel Xeon 8000CPU。

**2. 数据集和模型**。本节实验采用四个来自 GLUE 基准测试[138]的数据集,包括斯坦福情感树库(SST-2)、微软研究释义语料库(MRPC)、多类型自然语言推理语料库(MNLI)和斯坦福问答数据集(QNLI)。表 5-1 展示了上述四个数据集的详细介绍。

表 5-1 数据集和任务描述

| 数据集 | 训练集数量 | 测试集数量 | 任务 | 领域 |
| --- | --- | --- | --- | --- |
| SST-2 | 67K | 872 | 单句二分类 | 电影评论 |

续表

| 数据集 | 训练集数量 | 测试集数量 | 任务 | 领域 |
|---|---|---|---|---|
| MRPC | 3.7K | 408 | 句子对二分类 | 新闻 |
| MNLI | 393K | 2K | 句子对三分类 | 杂项 |
| QNLI | 105K | 2K | 句子对二分类 | 维基百科 |

本章利用四个自然语言处理模型[129,139]，包括 BERT-Tiny、BERT-Medium、BERT-Base 和 BERT-Large。四个模型的定义主要包括三个超参数，即块的数量、表示维度和输入词的数量。表 5-2 展示了上述四个模型参数设置的详细介绍。本章将块的数量表示为 $b$，维度表示为 $d$，输入词的数量表示为 $t$，并始终将自注意力头的数量固定为 $d/64$，前馈特征的大小固定为 $4d$。最终任务模型是通过在 Transformer 架构之上堆叠线性分类器并进行微调获得的。本章实验遵循现有工作[129]中设置的默认微调超参数，例如批量大小为 32、学习率为 $2\times10^{-5}$ 和迭代数为 3。注意，在训练阶段任何超参数优化都与本章所提方案兼容。

表 5-2 模型和超参数设置

| 模型 | 参数量 | 超参数 | | |
|---|---|---|---|---|
| | | $b$ | $d$ | $t$ |
| BERT-Tiny | 4.4M | 2 | 128 | 128 |
| BERT-Medium | 41.7M | 8 | 512 | 128 |
| BERT-Base | 110.1M | 12 | 768 | 128 |
| BERT-Large | 340M | 24 | 1024 | 128 |

### 5.5.2 基础构建块的性能

**1. 矩阵乘法**。在表 5-3 中，本章将所提出的矩阵乘法协议与 Cheetah[52] 和 SIRNN[54] 中的相应协议进行了运行时间与通信性能比较。为了公平起见，实验遵循了与 Cheetah 一致的同态加密参数设置。可以观察到，与 Cheetah 相比，本章所提方案的运行时间快了 3～26 倍，通信开销降低了 8～25 倍，具体的优势取决于输入大小。值得注意的是，对于小型矩阵（例如 32×8 和 8×16 的矩阵乘法），本章所提协议只需 0.11 MB 的通信和 6 毫秒的运行时间，而 Cheetah 需要 2.79 MB 的通信和 160 毫秒的运行时间才能完成计算。原因在于本章所提协议将整个矩阵加密为单个密文，而 Cheetah 只能将每行加密为一个密文，总共 $m$ 个密文（$m$ 是输出矩阵的行数）。此外，与 SIRNN 实现的最高效的基于不经意传输的矩阵乘法协议相比，本章所提协议的通信开销降低了高达两个数量级，运行时间降低了一个数量级。

表 5-3　本章协议与现有矩阵乘法协议的运行时间（秒）与通信开销（MB）比较

| 方案 | 矩阵乘法 | | | | | |
| --- | --- | --- | --- | --- | --- | --- |
| | (32, 8, 16) | | (128, 64, 128) | | (128, 768, 768) | |
| | 时间 | 通信 | 时间 | 通信 | 时间 | 通信 |
| 本章方案 | 0.006 | 0.11 | 0.066 | 1.74 | 1.71 | 15.45 |
| Cheetah[52] | 0.16<br>(26×) | 2.79<br>(25×) | 0.77<br>(11×) | 14.78<br>(8×) | 6.10<br>(3×) | 134.37<br>(8×) |
| SIRNN[54] | 0.04<br>(6×) | 1.34<br>(12×) | 1.59<br>(23×) | 70.08<br>(40×) | 110.33<br>(64×) | 4920.08<br>(318×) |

**2. 非线性函数**。表 5-4 展示了本章的 Softmax、GELU 和 LayerNorm 协议与通用 MP-SPDZ 框架[55]和 SIRNN[54]在运行时间和通信开销方面的比较。值得注意的是，本章实现了一些这些框架之前没有提供的函数。特别是，GELU 和 LayerNorm 在 MP-SPDZ 中是通过调用其内置的 tanh、平方根和倒数函数实现的，同时，论文在 SIRNN 中利用 Sigmoid 和指数函数添加了 Softmax 和 GELU 协议。正如表中所示，本章所提协议在运行时间和通信开销方面比 MP-SPDZ 好了多个数量级。特别是在通信开销方面，本章所提协议实现了 785～993 倍的改进。此外，虽然本章所提协议是建立在 SIRNN 的基础协议之上的，但由于提供的定制化的协议优化，本章协议的运行时间

和通信开销也分别降低了 1.3~1.8 倍和 1.4~1.8 倍。这样的改进使得本章协议在通信开销方面也带来了显著的提升，这是因为非线性层协议占据了总体开销。

表 5-4 本章协议与现有非线性协议的运行时间（秒）与通信开销（MB）的比较

| 方案 | 非线性协议 | | | | | |
|---|---|---|---|---|---|---|
| | Softmax | | LayerNorm | | GELU | |
| | 时间 | 通信 | 时间 | 通信 | 时间 | 通信 |
| 本章方案 | 4.78 | 206.265 | 2.34 | 102.435 | 0.30 | 10.07 |
| SIRNN[54] | 7.95 (1.7×) | 347.71 (1.7×) | 4.16 (1.8×) | 184.42 (1.8×) | 0.38 (1.3×) | 14.07 (1.4×) |
| MP-SPDZ[55] | 297.75 (62×) | 172,837 (837×) | 202.75 (86×) | 101,642 (992×) | 15.34 (51×) | 7,908.69 (785×) |

### 5.5.3 保护隐私的 Transformer 模型预测方案的性能

**1. 与现有工作的性能对比**。图 5-3 展示了本章方案在四个 BERT 模型上的预测性能，并 SIRNN[54] 进行了比较。可以观察到，本章方案的运行时间比 SIRNN 快了 3.3~11.83 倍，且通信开销降低了 3.47~14.11 倍。此外，随着模型规模的增大，本章方案的性能增益也会增加。这是因为本章方案中的协议在处理大规模评估时实现了更好的分摊开销。此外，本章还与 MP-SPDZ[55] 进行了比较，如图 5-4 所示。结果表明，无论是运行时间还是通信开销，本章方案都比 MP-SPDZ 好了多个数量级。这是因为本章方案中提供的定制化的协议比通用方案更具通信效率，这个现象也在 SIRNN 中被观察到。

**2. 基础构建块性能**。图 5-5 展示了在四个 BERT 模型上本书方案评估线性层与非线性层的运行时间和通信开销开销占比。为了清晰起见，本章只展示了 Transformer 模型中一个编码器的结果。回顾本书提出的保护隐私预测协议，它可以分为线性层协议（即矩阵乘法），和非线性层协议（即 Softmax、GELU）等。对于线性层协议，可以观察到随着模型规模的增加，通信开销的比例保持大约恒定，约占 12%～13%。这表明本章提供的紧凑密文编码方法有效地减少了通信的大小。对于非线性层函数，可以观察到随着模型规模的增加，计算开销所占的比例逐渐降低，从 BERT-Tiny 的 84% 到 BERT-Large 的 76%。这种节省来自通过打包技术分摊了面对大型张量数据时的通信和计算开销。尽管具有这样的优势，本书方案的主要瓶颈仍然是非线性层的通信开销。然而，解决通信问题的同时保证模型精确度仍然是一个目前未解决的问题。

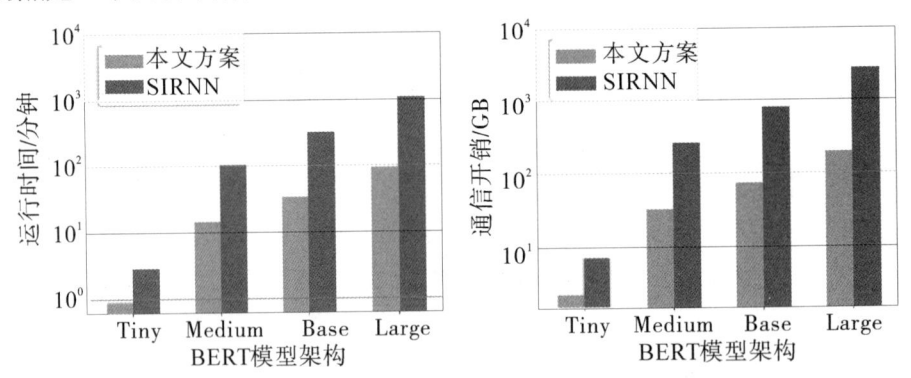

图 5-3　本书保护隐私预测方案与 SIRNN 的性能对比

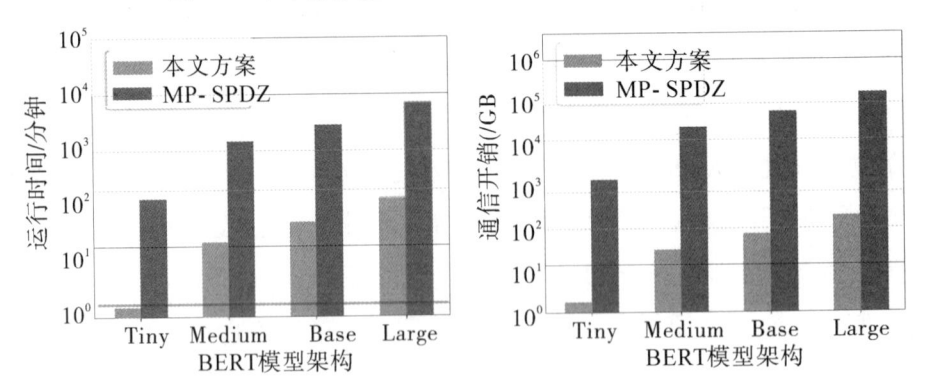

图 5-4　本书保护隐私预测方案与 MP-SPDZ 的性能对比

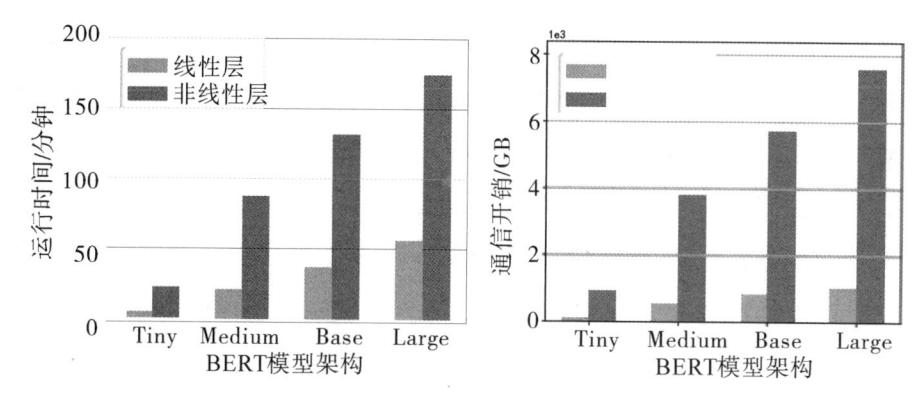

图 5-5　本书方案线性层和非线性层性能

为了详细说明每个操作的开销，本章将整个预测过程进一步细分，在表 5-5 中展示了包括矩阵乘法、截断、GELU、Softmax 和 LayerNorm 在内的原子操作的性能，包括运行时间和通信开销。可以观察到，由于数量庞大，GELU 是最耗时的非线性操作。例如，对于 BERT-Base 的每一层，GELU 的数量为 393216。此外，还观察到本章方案中的线性操作在通信方面是轻量级的。

表 5-5　本章基础构建块协议的运行时间（秒）和通信开销（MB）

| 模型 | 指标 | 矩阵乘法 | 截断 | GELU | Softmax | LayerNorm | 总计 |
| --- | --- | --- | --- | --- | --- | --- | --- |
| BERT-Tiny | 时间 | 1.54 | 2.61 | 14.65 | 5.04 | 2.40 | 26.24 |
| | 通信 | 29.99 | 108.66 | 642.38 | 214.01 | 99.02 | 1094.07 |
| BERT-Medium | 时间 | 11.25 | 9.70 | 58.79 | 20.24 | 8.56 | 108.53 |
| | 通信 | 132.00 | 404.63 | 2565.53 | 856.05 | 374.53 | 4332.74 |
| BERT-Base | 时间 | 22.12 | 14.87 | 88.08 | 30.31 | 13.05 | 168.43 |
| | 通信 | 197.68 | 626.94 | 3848.30 | 1284.08 | 575.23 | 6532.23 |
| BERT-Large | 时间 | 36.66 | 19.50 | 117.45 | 40.43 | 16.65 | 230.70 |
| | 通信 | 240.05 | 809.25 | 5131.06 | 1712.10 | 733.83 | 8626.28 |

**3. 与明文预测的精确度比较**。图 5-6(a) 展示了 BERT-Tiny 模型在明文（浮点数）和本章方案（定点数）上的精确度。可以观察到本章方案实现的精确度与明文 TensorFlow 代码的精确度相匹配。具体而言，本章方案在所有数据集上的精确度损失都不超过 0.3%。令人惊讶的是，在 MNLI 数据集

上，本章方案的精确度甚至超过了明文基线 0.85%。类似的结果也出现在保护隐私的卷积神经网络预测中[51]。这种精确度优势在实验上证实了本章方案中的协议在数值上是精确的。此外，图 5-6(b)还基于 MRPC 数据集展示了随着小数精度的变化而产生的精确度变化。可以观察到当小数精度为 12 时，本章方案的精确度与明文模型完全匹配。当小数精度为 ≥6 时，准确性损失低于 1%。这个结论与之前的工作[51]一致，即神经网络可以容忍随机错误行为[140]。

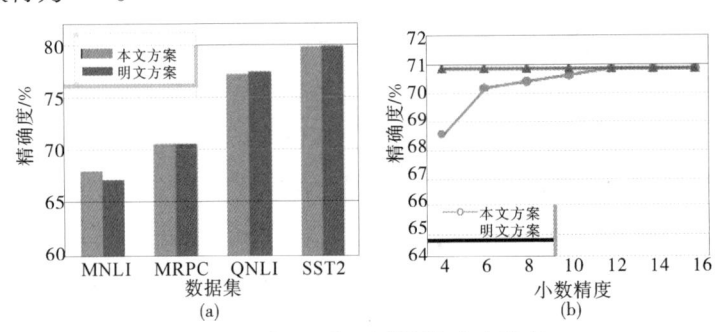

图 5-6　与明文预测的精确度比较

## 5.6　本章小结

本章研究了针对 Transformer 架构的保护隐私语言模型预测技术，保证预测阶段数据的机密性。论文分别对 Transformer 架构复杂的线性层和非线性层，设计了保护隐私的矩阵乘法协议和保护隐私的非线性函数协议。对于线性层，本章提出一个定制化的基于同态加密的矩阵乘法协议。该协议设计一种紧凑的打包方法，将更多的明文输入打包到单个密文中，同时保留矩阵乘法的功能性。对于非线性层，本章为复杂的非线性函数（如 Softmax、GELU 和 LayerNorm）设计了高效的密码协议，简化了评估逻辑，并优化了协议效率。本章在多个数据集以及多个不同的模型上进行了实验评估，展示了协议的效率以及模型的精确度。

# 第六章

# 预测阶段的数据完整性保护技术研究

本章研究预测阶段的数据完整性保护。本章利用零知识证明技术，设计可验证的复杂数学函数评估方案，可直接应用于可验证深度学习预测中，在保护模型隐私的同时，确保预测过程的完整性。

## 6.1 引言

基于云服务器的深度学习服务为深度学习应用提供了强大的平台，但是预测阶段的完整性验证仍然是棘手的难题。对于用户来说，云服务器的预测过程是一个黑盒，很难验证服务的完整性。例如，用户无法确定预测结果是否基于云服务器声明的高精度深度学习模型并按照正确的预测规范计算而来。最近，为了解决这个问题，一些研究开始探索为深度学习服务设计零知识证明协议，特别是针对深度学习预测的完整性[71-76,141,142]。简而言之，零知识证明允许一个证明者向一个验证者证明，一个公开的算法在证明者的秘密输入上被正确评估，而不会泄露关于证明者隐私的额外信息。在深度学习服务中，零知识证明的目标是使云服务器(作为证明者)向用户

(作为验证者)证明其预测是在声明的特定模型上正确评估的,同时保护模型的隐私。

但是,当前针对深度学习的零知识证明协议[74,75]在实践中仍然效率低下且不够实用,特别是当应用于现实场景中复杂的模型时,例如卷积神经网络[108,143]或最近备受关注的基于 Transformer 的大型语言模型如 GPT[130,144]。本章发现现有方案的计算瓶颈主要源自对深度学习模型中非线性层的评估。深度学习模型由交替的线性和非线性层组成,前者包括卷积和全连接层,而后者包括 ReLU、GELU、Softmax、Maxpooling 和 Normalization。非线性层的评估通常涉及复杂的非线性数学函数,如比较、指数、除法和倒数平方根。正如当前最先进的深度学习零知识证明方案 Mystique[74]所示,在基于 ResNet-101 模型执行可验证预测任务时,非线性函数评估的运行时间约需要 8 分钟,占据总预测时间的 80% 以上。

本章观察到,在基于零知识证明的非线性函数评估中,算术-布尔转换操作的应用是导致其效率低下的根本原因。具体来说,当前用于深度学习的零知识证明技术,需要在一个素数域 $F_p$ 上对线性层进行基于算术电路的评估。然而,在评估非线性函数时,这些算术输出必须通过各种比特分解技术(如 zk-edaBits[74,78])转换为布尔值,以便使用基于布尔电路的通用构造进行评估。但是,这些转换操作的开销极高,至少引起 $O(\log p)$ 的乘法复杂度,主要原因是在布尔域中调用了模加电路[74]。此外,在布尔电路中进行后续非线性函数的评估也会导致相当大的开销(即 $O(\log p)$,其中的常数项是非常大的)。例如,用来评估指数、除法和倒数平方根操作的布尔电路包含 3~11 K 个乘法门[74]。

本章旨在针对非线性函数设计高效的零知识证明技术来解决上述问题。协议设计的主要见解是探索基于查找表的零知识证明技术。借助这一技术,所提框架可以通过构建一个包含所有算术输入-输出对的查找表,从而避免耗时的算术-布尔转换和布尔电路评估。此时,非线性函数评估被转换为查表操作。然而,该策略面临的关键挑战在于,查找表不能直接应用于可验证深度学习中的非线性函数,因为需要构建的表格过大,从而严重降低评估性能。具体来说,根据现有工作[74],算术操作所需的素数域 $F_p$ 通常被设置为 $\lceil \log p \rceil = 61$,因此,评估单个数学函数需要构造一个至少包含 $2^{61}$ 个算术输入-输出对的表。在如此庞大的表上执行即使现存最高效的查找表协议,所带来的开销也是无法忍受的。为了解决这一挑战,所提框架的出发点是将较长的输入分解为多个较短的字符串,以显著减小表格大小。然后,方案设计了多个重要的基础构建块,包括数字分解、截断和最高非零有效位,以确保计算结果的正确性和证明的可靠性。基于高效的构造,本章提供的基础构建块在分摊设置下具有 $O(1)$ 的渐进乘法复杂度。进一步地,本章将上述基础构建块应用到复杂数学函数的可验证评估中,包括除法、倒数平方根以及指数,并进一步提出了针对 ReLU、Softmax、GELU、Maxpooling、Sigmoid 等机器学习非线性函数的高效零知识证明协议,均实现了良好的性能。此外,这些零知识证明技术本质上可以用于涉及非线性评估的任何应用,例如软件漏洞[145]、程序分析[146]和数据库查询[147]。

综上所述,本章工作的主要贡献总结如下。

(1)本章提出 ZKmath,采用基于查找表的技术,针对多个重要的基础构建块设计了高效的零知识证明协议,例如截断、最高非零有效位,实现了在分摊设置下 $O(1)$ 的乘法复杂度。

(2)本章将上述基础模块应用到了复杂的数学操作中,包括指数、除法以及倒数平方根,并进一步提出了针对 ReLU、Softmax、GELU、Maxpooling、Sigmoid 等机器学习非线性函数的高效零知识证明协议,实现了非线性数学函数的高效可验证评估。

(3)本章对上述构建块、复杂数学操作以及机器学习非线性函数的零知识证明协议进行了实验评估。结果表明,与最先进的工作相比,所提协议实现了至少一个数量级的计算效率提升。

## 6.2 威胁模型

本章研究基于零知识证明的可验证深度学习预测方案，方案包括用户和云服务器两个实体，具体如下：

(1) 云服务器：云服务器持有训练好的深度学习模型，接收用户的预测请求，并将预测结果返回给用户。

(2) 用户：用户持有预测样本，向云服务器请求预测服务，接收返回的预测结果。

本章假设恶意的概率多项式时间的敌手。具体而言，敌手可以攻击云服务器或用户，可以任意违背协议执行，从而窃取诚实参与方隐私信息，或恶意影响协议。例如，云服务器可能执行错误的预测，用户可能通过违背协议来获取模型的权重信息。基于上述的敌手假设，本章主要目标是保护整个训练过程中服务器的模型隐私信息并保护预测过程的完整性。

## 6.3 基于零知识证明的可验证深度学习预测方案

如图6-1中所示，基于查找表技术，本节首先介绍三个关键的基础构建模块，包括数字分解、截断和最高非零有效位，作为针对非线性数学函数零知识证明协议的构造基础。随后，基于这些基础构建模块，本节给出三个复杂数学函数的零知识证明构造方法，即指数、除法和倒数平方根。这三个数学函数是当前深度学习模型中复杂非线性层包含的关键操作。

**(4) 机器学习非线性函数**

| ReLU | Maxpooling | Sigmoid |
| Normalization | Softmax | GELU |

⇑

**(3) 数学函数**

| 指数 | 除法 | 倒数平方根 |

⇑

**(2) 构建块**

| 数字分解 | 截断 | 最高非零有效位 |
| 比较验证操作 | | 通用比较操作 |

⇑

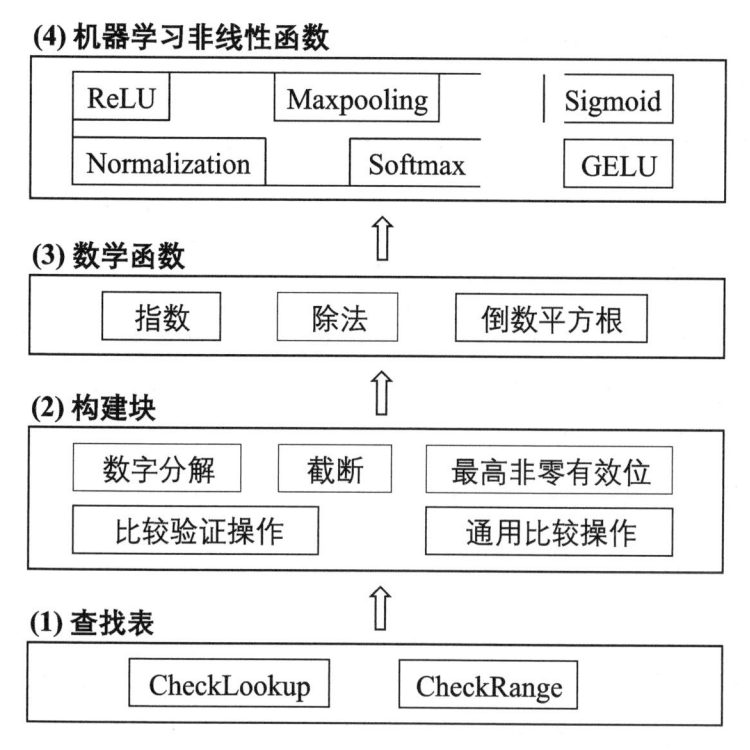

**(1) 查找表**

| CheckLookup | CheckRange |

图 6-1 基于零知识证明等非线性函数评估逻辑层次

## 6.3.1 针对基础构建块的零知识证明协议

本节给出数字分解、截断、最高非零有效位、比较验证和通用比较等五个基础构建块的详细构造，相应的理想函数见算法 6-1。除此之外，算法 6-1 额外给出了两个针对比较的零知识证明理想函数，本节直接调用现有的协议。

**算法 6-1** 针对基础构建块的零知识证明协议的理想函数 $F_{ZK}^{BuildBlock}$

**参数**：一个有限域 $F_p$。证明者 P 和验证者 V。该理想函数扩展了理想函数 $F_{ZK}$ 中的指令。

1. **数字分解函数**：对于来自 P 和 V 的输入 $(DigitDec, [x]_p, d_0, .., d_{k-1})$，其中 $x \in [0, \frac{p-1}{2}]$，检查 $[x]_p$ 是否有效，如果无效则终止。将 $x$ 分解为

$(x_0, \ldots, x_{k-1})$，使得 $x = x_{k-1} \| \cdots \| x_0$，且对于 $i \in [0, k-1]$，有 $x_i \in \{0, 1\}^{d_i}$。然后，对于 $i \in [0, k-1]$，存储 $x_i$ 并发送 $[x_i]_p$ 给 P 和 V。

2. **正数截断函数**：对于来自 P 和 V 的输入（PosTrunc, $[x]_p$, $t$），其中 $x \in [0, \frac{p-1}{2}]$，检查 $[x]_p$ 是否有效，如果无效则终止。计算 $y = \text{R2F}(\text{F2R}(x, p)/2^t, p)$，存储 $y$，并发送 $[y]_p$ 给 P 和 V。

3. **通用截断函数**：对于来自 P 和 V 的输入（Trunc, $[x]_p$, $t$），其中 $x \in F_p$，检查 $[x]_p$ 是否有效，如果无效则终止。计算 $y = \text{R2F}(\text{F2R}(x, p)/2^t, p)$，存储 $y$，并发送 $[y]_p$ 给 P 和 V。

4. **最高非零有效位函数**：对于来自 P 和 V 的输入（Msnzb, $[x]_p$），其中 $x \in (0, \frac{p-1}{2}]$，检查 $[x]_p$ 是否有效，如果无效则终止。计算 $y$，使得 $2^y \leq x \leq 2^{y+1} - 1$，存储 $y$，并发送 $[y]_p$ 给 P 和 V。

5. **比较验证函数**：对于来自 P 和 V 的输入（VrfyCmp, $[x]_p$, $c$），检查 $[x]_p$ 是否有效以及 $x < c$，如果无效则终止。

6. **通用比较函数**：对于来自 P 和 V 的输入（Cmp, $[x]_p$, $c$），检查 $[x]_p$ 是否有效，如果无效则终止。计算 $y = 1\{x < c\}$，存储 $y$，并发送 $[y]_p$ 给 P 和 V。

### 6.3.1.1 数字分解零知识证明协议

回顾第 6.1 节中的讨论，为了避免查找表过大而带来难以忍受的协议评估开销，一个直接的思路是在进行表查找之前，将输入 $x$ 分解成 $k$ 个较短的子字符串 $x_0, \cdots, x_{k-1}$。具体而言，数字分解操作将 $x \in F_p$ 分解成 $x_0, \cdots, x_{k-1} \in F_p$，使得 $x = x_{k-1} \| \cdots \| x_0$，且对于 $i \in [0, k-1]$，有 $x_i \in \{0, 1\}^{d_i}$，即每个子字符串 $x_i$ 的比特长度为 $d_i$。当所有的 $d_i$ 均为 1 时，数字分解操作可以被视为比特分解的广义形式[74,75]。然而，值得注意的是，数字分解中输出子字符串的数量 $k$ 是一个常数，而不是比特分解中的域元素比特长度 $\lceil \log p \rceil$。常数 $k$ 有效地确保了本章所提协议均在均摊设置下具有常数的渐近乘法复杂度。接下来详细介绍针对数字分解操作的零知识证明协议，其中假设输入为正数。该假设对于上层非线性数学函数的可验证评估

来说是足够的。

一个正数嵌入到素数域上可表示为 $x \in [0, \frac{p-1}{2}]$。由于证明者已知 $x$，便可在本地对 $x$ 进行数字分解，得到 $k$ 个子字符串 $(x_0, \cdots, x_{k-1})$。为了验证分解的正确性，零知识证明协议应检查以下内容。

(1) 对于每个 $i \in [0, k-1]$，都有 $x_i \in \{0, 1\}^{d_i}$。这可以通过调用理想函数 $F_{\text{ZK}}^{\text{Lookup}}$ 中的 CheckRange 机制进行验证。该检查确保了每个子字符串的比特长度是正确的。

(2) $x_0 + \sum_{i \in [1, k-1]} 2^{\sum_{j \in [0, i-1]} d_j} x_i = x$ 成立。这可以通过调用理想函数 $F_{\text{ZK}}$ 中的 CheckZero 机制进行验证。具体来说，证明者和验证者首先计算 $z = x_0 + \sum_{i \in [1, k-1]} 2^{\sum_{j \in [0, i-1]} d_j} x_i - x$，随后利用 CheckZero 机制检查 $z$ 是否为 0。该检查确保了 $(x_0, \cdots, x_{k-1})$ 构成 $x$ 的数字分解。

基于上述分析，算法 6-2 给出了针对数字分解的零知识证明协议。可以观察到，该协议的主要开销是 $k$ 个范围检查，共消耗 $2k$ 个乘法门。

**算法 6-2** 数字分解零知识证明协议

**参数**：一个有限域 $F_p$，一个常数 $k$。证明者 P 和验证者 V。

**输入**：P 和 V 拥有一个经过验证的值 $[x]_p$ 和数字分解比特长度 $d_0, \cdots, d_{k-1}$，其中 $x \in [0, \frac{p-1}{2}]$。

**输出**：P 和 V 获得 $([x_0]_p, \cdots, [x_{k-1}]_p)$ 满足 $x = x_{k-1} \| \cdots \| x_0$，其中对于 $i \in [0, k-1]$，有 $x_i \in \{0, 1\}^{d_i}$。

1. P 将 $x$ 分解为 $(x_0, \cdots, x_{k-1})$，使得 $x = x_{k-1} \| \cdots \| x_0$，对于 $i \in [0, k-1]$，有 $x_i \in \{0, 1\}^{d_i}$；

2. P 将 $(\text{Input}, x_0, \cdots, x_{k-1})$ 发送给理想函数 $F_{\text{ZK}}$，后者返回 $([x_0]_p, \cdots, [x_{k-1}]_p)$ 给 P 和 V；

3. 对于 $i \in [0, k-1]$，P 和 V 将 $(\text{Range}, Ri, [x_i]_p)$ 发送给理想函数 $F_{\text{ZK}}^{\text{Lookup}}$，其中 $Ri = \{0, 1\}^{d_i}$，以验证 $x_i \in \{0, 1\}^{d_i}$；

4. P 和 V 计算 $[z]_p = [x_0]_p + \sum_{i \in [0, k-1]} 2^{\sum_{j \in [0, i-1]} d_j} [x_i]_p - [x]_p$；

**5.** P 和 V 将 (CheckZero, $[z]_p$) 发送给理想函数 $F_{ZK}$；

**6.** 如果以上任何检查失败，V 终止。否则，P 和 V 输出 $[x_0]_p, \cdots, [x_{k-1}]_p$。

算法 6-2 中给出的数字分解协议的主要开销是对比特长度为 $d_i$ 的 $[x_i]_p$ 执行 CheckRange 机制，其中 $i \in [0, k-1]$。当 $d_i$ 较大时，可以对此开销进行优化。简而言之，对于较大的 $d_i$，可以迭代地在 $[x_i]_p$ 上调用数字分解协议，而不是直接在 $[x_i]_p$ 上执行一次 CheckRange 机制。为方便起见，本章协议设置一个上限 $B$（例如，$B = 12$），即仅在 $d_i \leqslant B$ 时执行 CheckRange 机制。如果比特长度超过 $B$，则迭代执行相应协议。

### 6.3.1.2 截断零知识证明协议

截断（也称为算术右移）被广泛用于定点数运算中，特别是在乘法之后，以保持固定的小数精度。给定输入 $x$ 和截断比特长度 $t$，截断操作输出 $y = $ R2F(F2R($x, p$)/$2^t, p$)。下面提供了两种截断协议，分别应用于正数截断和通用的任意数截断。

**1. 正数截断。** 本节首先介绍针对正数的截断协议。该协议的关键思想在于，对于一个正数 $x \in [0, \frac{p-1}{2}]$，通过直接丢弃长度为 $t$ 个比特的子串 $x_0$ 然后输出 $x_1$ 便可实现 $t$ 比特的截断，其中 $x = x_1 \| x_0$。因此，正如算法 6-3 所示，通过简单地调用第 6.3.1.1 节中给出的针对正数数字分解的零知识证明便可实例化本节的正数截断协议。该协议的开销与正数数字分解协议相同，因此需要 $2k$ 个乘法门。值得强调的是，该正数截断协议在某些深度学习的非线性函数中是很有用的。例如，指数函数的输出总是正值，因此指数输出值的乘法可以直接调用本节的正数截断协议。

**算法 6-3** 正数截断零知识证明协议

**参数：** 一个有限域 $F_p$。证明者 P 和验证者 V。

**输入：** P 和 V 拥有一个经过验证的值 $[x]_p$ 和一个公开的截断比特长度 $t$，其中 $x \in [0, \frac{p-1}{2}]$。

**输出：** P 和 V 获得 $[y]_p$，其中 $y = $ R2F(F2R($x, p$)/$2^t, p$)。

1. P 和 V 将 (DigitDec, $[x]_p$, $t$, $m-t$) 发送给理想函数 $F_{ZK}^{BuildBlock}$，后者返回 $([x_0]_p, [x_1]_p)$ 给 P 和 V，满足 $x = x_1 \| x_0$，$x_0 \in \{0,1\}^t$ 并且 $x_1 \in \{0,1\}^{m-t}$，其中 $m = \lceil \log p \rceil - 1$；

2. P 和 V 输出 $[y]_p = [x_1]_p$。

**2. 通用截断**。进一步地，可将上述正数截断协议扩展到通用情况，以支持任意输入 $x \in F_p$。然而，这是有挑战性的，因为一个负数 $x$ 在 $F_p$ 中被嵌入为 $p-|x|$，因此给出 $x_1 \| x_0 = p-|x|$，按照正数截断方法分解出的字符串 $x_1$ 是不正确的。现有的工作没有有效地解决这一问题，它们要么利用耗时的通用布尔电路[74]进行评估，要么只支持正数截断[75]。

为了解决这个挑战，一个重要的观察是，针对一个实数值的截断操作实际上是通过在该实数值的 2 的补码表示上进行算术右移实现的，而不是在其嵌入的素数域表示上进行。基于这一观察派生的一个关键见解是，通过在 2 的补码表示中逐比特翻转 $x$ 的所有位，便可以将负数 $x$ 上的截断转换为针对正数的截断。具体来说，对于一个负数 $x$，如果执行以下操作：

(1) 在 2 的补码表示中比特翻转 $x$ 的所有位，即将比特 0 变为比特 1，同时将比特 1 变为比特 0，得到一个正数 $\bar{x}$；

(2) 在 $\bar{x}$ 上执行正数截断，得到 $\bar{y}$；

(3) 在 2 的补码表示中比特翻转 $\bar{y}$ 的所有位，得到 $y$；

最终结果 $y$ 仍然是对原始负数值 $x$ 进行截断的正确输出。因此，利用算法 6-1 提供的通用比较功能函数和正数截断功能函数，便可实现针对通用截断操作的零知识证明协议。

基于上述分析，算法 6-4 中提供了针对任意值的通用截断零知识证明协议。具体来说，协议首先调用算法 6-1 提供的通用比较协议来确定输入 $x$ 的正负性，这是因为该协议需要对正数和负数输入执行不同的操作。为了清晰起见，以下分析专注于针对负数的截断。对于一个负数 $x \in [-\frac{p-1}{2}, -1]$ 协议首先计算 $\bar{x} = -1 \cdot x - 1$，这是在 2 的补码表示中比特翻转 $x$ 的所有位后得到的值。然后，通过在 $\bar{x}$ 上调用正数截断协议，得到 $\bar{y}$。注意，$\bar{x} \in [0, \frac{p-1}{2} - 1]$ 位于正数范围内，因此对其执行正数截断零知识证明协议是正确的。最后，协议计算并输出 $y = -1 \cdot \bar{y} - 1$，这是在 2 的补码表示中比特翻转 $\bar{y}$ 的所有位后得到的值。综上所述，本节提供的通用截断协议主要由比较、乘法和正数截断的零知识证明组成，总共需要 $4k + 4$ 个乘法门。

**算法 6-4**  通用截断零知识证明协议

**参数**：一个有限域 $F_p$。证明者 P 和验证者 V。

**输入**：P 和 V 拥有一个经过验证的值 $[x]_p$ 和一个公开的截断比特长度 $t$，其中 $x \in F_p$。

**输出**：P 和 V 获得 $[y]_p$，其中 $y = \text{R2F}(\text{F2R}(x, p)/2^t, p)$。

1. P 和 V 将 $(\text{Cmp}, [x]_p, \frac{p-1}{2})$ 发送给理想函数 $F_{\text{ZK}}^{\text{BuildBlock}}$，后者返回 $[b]_p$ 给 P 和 V，其中 $b = 1\{x < \frac{p+1}{2}\}$；

2. P 和 V 通过调用理想函数 $F_{\text{ZK}}$ 计算 $[\bar{x}]_p = (2 \cdot [b]_p - 1) \cdot [x]_p - (1 - [b]_p)$；

3. P 和 V 将 $(\text{PosTrunc}, [\bar{x}]_p, t)$ 发送给理想函数 $F_{\text{ZK}}^{\text{BuildBlock}}$，后者返回 $[\bar{y}]_p$ 给 P 和 V；

4. P 和 V 通过调用理想函数 $F_{\text{ZK}}$ 计算 $[y]_p = (2 \cdot [b]_p - 1) \cdot [\bar{y}]_p - (1 - [b]_p)$；

5. P 和 V 输出 $[y]_p$。

### 6.3.1.3 最高非零有效位零知识证明协议

对于一个正数 $x \in (0, \frac{p-1}{2}]$，最高非零有效位（most significant non-zero-bit，Msnzb）输出 $y$，使得如果 $x_y = 1$，则对于所有 $i > y$，都有 $x_i = 0$。换句话说，输出 $y$ 满足 $2^y \leq x \leq 2^{y+1} - 1$。该操作是极其重要的，被广泛应用于数学函数，例如除法和倒数平方根，评估中的输入归一化操作。目前，Msnzb 在安全多方计算领域得到了研究[54]，以保证该操作评估过程中的数据隐私。在针对 Msnzb 的安全多方计算协议中，输入 $x$ 被分解为多个子字符

串 $x_0, \cdots, x_{k-1}$，随后计算每个子串 $x_i$ 的 Msnzb。最后，如果 $x_i \neq 0$ 并且对于所有 $j > i$，有 $x_j > 0$，则输出 $y = \text{Msnzb}(x_i) + i \cdot d$，其中 $d$ 是每个子串的比特长度。尽管利用第 6.3.1.1 节中的数字分解协议和查找表协议，这种方法可以直接迁移到基于零知识证明的可验证评估中，但由于需要评估多个 Msnzb、比较和乘法操作，直接应用该方案的开销是相当高的。

为了解决这一挑战，本章重新分析了 Msnzb 操作，发现性质 $2^y \leq x \leq 2^{y+1} - 1$ 一直被忽视。进一步可观察到，除了输出 $y$ 外，可以通过让证明者 P 提供两个额外的值 $z_0 = 2^y$ 和 $z_1 = 2^{y+1} - 1$，然后验证 $z_0 \leq x \leq z_1$，来实现针对 Msnzb 的零知识证明协议。因此，本节对于 Msnzb 的初始想法是利用性质 $2^y \leq x \leq 2^{y+1} - 1$ 来检查输出 $y$ 的正确性。具体来说，基于证明者 P 提供的值 $z_0$ 和 $z_1$，针对 Msnzb 的零知识证明协议应验证以下两点。

（1）$z_0 = 2^y$ 且 $z_1 = 2^{y+1} - 1$。这可以通过调用理想函数 $F_{\text{ZK}}^{\text{Lookup}}$ 中的 CheckLookup 机制进行验证，其中由数据项 $(y, 2^y, 2^{y+1} - 1)$ 组成的表 $L$ 被构建。由于输入 $x$ 是正数，因此 $x$ 的第 $\lceil \log p \rceil - 1$ 位始终为 0，所以表 $L$ 中共包含 $\lceil \log p \rceil - 2$ 个数据项，即 $y \in (0, \lceil \log p \rceil - 2]$。

（2）$x \in [z_0, z_1]$。这可以通过两次调用算法 6-1 提供的验证比较理想函数，分别检查 $x - z_0 < \frac{p-1}{2}$ 和 $z_1 - x < \frac{p-1}{2}$ 是否成立来验证。

直观上看，以上评估方案似乎是正确的，因为该方案验证了 $y$ 应该满足的所有条件。然而，基于以下观察，本节发现在上述步骤 1 中表 $L$ 的构造是不合理的。具体来说，给出 $\ell = \lceil \log p \rceil$，表 $L$ 中的最后一个数据项为 $(\ell - 2, 2^{\ell-2}, 2^{\ell-1} - 1)$，可以观察到 $2^{\ell-1} - 1$ 超出了操作域 $F_p$ 中正数的表示范围，因为 $2^{\ell-1} - 1 \geq \frac{p-1}{2}$。这可以通过反证法来证明，即假设 $2^{\ell-1} - 1 < \frac{p-1}{2}$，有 $p > 2^\ell - 1$，这与比特长度为 $\ell$ 的素数 $p$ 的定义相矛盾。在这种情况下，上述步骤 2 中当给出 $z_1 = 2^{\ell-1} - 1$，需要检查 $z_1 - x < \frac{p+1}{2}$ 是否成立

时，$z_1 - x$ 的结果要么为负，要么错误地溢出到正数范围。因此，上述查找表构造中最后一条数据项的设置是不正确的。

为了解决这个问题，协议的主要观察为：由于该操作中的输入 $x$ 被限制为正数，所以不会超过 $\frac{p-1}{2}$，因此协议可以通过简单地将表 $L$ 的最后一个数据项设置为 $(\ell - 2, 2^{\ell-2}, \frac{p-1}{2})$ 来解决上述问题。综上所述，本章提供的最高有效位零知识证明协议在算法 6-5 中给出了详细介绍。该协议主要由验证比较理想函数和查找表机制组成，总共需要 $4k+6$ 个乘法门。

**算法 6-5** 最高非零有效位零知识证明协议

**参数**：一个有限域 $F_p$。证明者 P 和验证者 V。

**输入**：P 和 V 拥有一个经过验证的值 $[x]_p$，满足 $x \in (0, \frac{p-1}{2}]$。

**输出**：P 和 V 获得 $[y]_p$，其中 $2^y \leq x \leq 2^{y+1} - 1$。

1. P 计算 $y$，使得 $2^y \leq x \leq 2^{y+1} - 1$，并设置 $z_0 = 2^y$。若 $y = \lceil \log p \rceil - 2$，则设置 $z_1 = \frac{p-1}{2}$，否则设置 $z_1 = 2^{y+1} - 1$。

2. P 将 (Input, $y$, $z_0$, $z_1$) 发送给理想函数 $F_{ZK}$，后者返回 $([y]_p, [z_0]_p, [z_1]_p)$ 给 P 和 V。

3. P 和 V 将 (Lookup, $L$, $[y]_p$, $[z_0]_p$, $[z_1]_p$) 发送给理想函数 $F_{ZK}^{Lookup}$，其中 $L$ 包含以下数据项：(1) 当 $y \in [0, \lceil \log p \rceil - 3]$ 时，$(y, 2^y, 2^{y+1} - 1)$，(2) 当 $y = \lceil \log p \rceil - 2$ 时，$(y, 2^y, \frac{p-1}{2})$。

4. P 和 V 将 (VrfyCmp, $[x]_p - [z_0]_p$, $\frac{p-1}{2}$) 和 (VrfyCmp, $[z_1]_p - [x]_p$, $\frac{p-1}{2}$) 发送给理想函数 $F_{ZK}^{BuildBlock}$。

5. 如果以上任何检查失败，V 终止；否则，P 和 V 输出 $[y]_p$。

#### 6.3.1.4 比较验证零知识证明协议

本章考虑比较验证操作，用于验证 $x < c$ 成立，其中 $x \in F_p$ 是证明者的

秘密值，$c \in F_p$ 是一个公开的常数。另一种是通用的比较操作，用于计算 $y = 1\{x < c\}$。通过设置 $c = \frac{p+1}{2}$，这些证明可以直接用于确定 $x$ 是否为正数。现有的比较协议要么利用昂贵的比特分解技术[74]，要么引入了关于输入范围的强假设[75,78]。本章探索基于查找表技术来解决效率问题，且不引入额外的假设。

**1. 基础解决方案**。为了在零知识环境中执行比较验证操作，本章的主要想法是将 $x$ 和 $c$ 进行数字分解，然后在较短的输入上面进行评估，最后组合最终结果。该解决方案递归地利用了以下观察结果[51,148]：

$$1\{x < c\} = 1\{x_1 < c_1\} + 1\{x_1 = c_1\} \cdot 1\{x_0 < c_0\} \tag{6-1}$$

其中 $x = x_1 \| x_0$ 且 $c = c_1 \| c_0$。因此，给定 $x = x_{k-1} \| .. \| x_0$ 和 $c = c_{k-1} \| ... \| c_0$，验证 $1\{x < c\}$ 的一个简单协议如下。①对于每个 $i \in [0, k-1]$，给定比特长度为 $d_i$ 的子字符串 $(x_i, c_i)$，证明者 P 和验证者 V 可通过调用查找表来评估 $z_i^{lt} = 1\{x_i < c_i\}$ 和 $z_i^{eq} = 1\{x_i = c_i\}$。②在获取所有 $z_i^{lt}$ 和 $z_i^{eq}$ 后，可以根据方程式 6-1 通过调用理想函数 $F_{ZK}$ 递归地计算 $1\{x < c\}$。需要注意的是，步骤(1)敌手可能分解的是不正确的 $x + p$ 而不是 $x$。但是，敌手无法通过最终的验证，因为 $x + p$ 一定是大于 $c$ 的。此外，可以观察到这种解决方案的开销是耗时的，主要源于步骤①中 $2k$ 次查找表评估和步骤②中 $k$ 个乘法门的开销。接下来，本章将展示如何通过两个重要的思路来改进该基本方法。

**2. 优化一**。在步骤(2)中，本章将不再根据 $z_i^{lt}$ 和 $z_i^{eq}$，其中 $i \in [0, k-1]$，递归地评估方程式 6-1，而是利用查找表技术来评估。具体来说，可以构建一个包含 $(z, y)$ 的表 $L$，其中 $z$ 表示如下

$$z = z_{k-1}^{lt} \| \cdots \| z_0^{lt} \| z_{k-1}^{eq} \| \cdots \| z_0^{eq} \in \{0, 1\}^{2k} \tag{6-2}$$

$y$ 可以基于 $z$ 通过方程式 6-1 计算得到。注意，$z$ 可以通过下式获得

$$z = 2^{2k-1} \cdot z_{k-1}^{lt} + \cdots + 2^k \cdot z_0^{lt} + 2^{k-1} \cdot z_{k-1}^{eq} + \cdots + 2^0 \cdot z_0^{eq} \tag{6-3}$$

直观来看，上述表 $L$ 包含 $2^{2k}$ 个条目，包括所有可能的 $z \in \{0, 1\}^{2k}$。然而，

需要强调的是，表 $L$ 中的条目数应为 $3^k$，而非 $2^{2k}$。原因是对于每对 $(z_i^{lt}$，$z_i^{eq})$，只能有三种可能的情况，即 $(0, 0)$，$(0, 1)$，$(1, 0)$，因为 $x_i < c_i$ 和 $x_i = c_i$ 不能同时成立。如果忽视了这一点，这些不正确但仍被考虑的值可能会被恶意操纵以损害协议的完整性。

**3. 优化二**。在步骤 (1) 中，对于每个 $i \in [0, k-1]$，可以通过将 $z_i^{lt}$ 和 $z_i^{eq}$ 结合成一个独立的值，从而能够仅应用一次查找表技术。为此，本章设计了一个新颖的紧凑编码，如下式所示。

$$z_i = \underbrace{0 \cdots 0 \parallel z_i^{lt} \parallel 0 \cdots 0}_{k} \mid \underbrace{0 \cdots 0 \parallel z_i^{eq} \parallel 0 \cdots 0}_{k} \tag{6-4}$$

其中 $z_i$ 由两部分组成，每部分有 $k$ 个比特。除了每部分中的第 $i$ 个位置放置 $z_i^{lt}$ 或 $z_i^{eq}$ 外，其余 $k-1$ 位均为 0。这种编码有两个优点。首先，通过这种编码，可以将基础解决方案中 $2k$ 次查找表的调用减少到 $k$ 次。其次，在为"优化一"中的查找表调用生成输入 $z$ 时，P 和 V 只需对这种编码进行简单的求和，无须进行常数与认证值的乘法操作，这在一定程度上降低了计算开销。需要注意的是，通过适当设置 $k$ 的值，$z_i$ 不会超出 $F_p$ 的表示范围。

基于以上讨论，本章在算法 6-6 中提供了详细的比较验证协议 $\Pi_{\text{VrfyCmp}}$，该协议主要包含 $k+1$ 次查找表调用，消耗 $2k+2$ 个乘法门。

#### 6.3.1.5 通用比较零知识证明协议

算法 6-7 中详细说明了针对通用比较操作的零知识证明协议 $\Pi_{\text{Cmp}}$。该协议的评估逻辑与算法 6-6 中提出的比较验证协议类似。主要的区别是验证者需要额外地检查输入的数字分解，是否满足小于 $p$。因此，协议除了利用公式 6-1 判断 $x < c$，还需要利用该公式判断 $x < p$。尽管如此，该协议的一个效率优势是两个比较判断可以通过调用一次查找表获得，因此该协议与上述比较验证零知识证明协议开销类似。

**算法 6-6**　比较验证零知识证明协议 $\Pi_{\text{VrfyCmp}}$

**参数**：证明者 P 和验证者 V，有限域 $F_p$，一个常数 $k$。

**输入**：P 和 V 具有一个经过验证的值 $[x]_p$ 和一个常数 $c$，其中 $x, c \in F_p$。

**输出**：P 和 V 验证 $x < c$ 成立。

1. P 将 $x$ 分解为 $(x_0, \cdots, x_{k-1})$，使得 $x = x_{k-1} \| \cdots \| x_0$，其中，对于 $i \in [0, k-1]$，$x_i \in \{0, 1\}^{di}$。P 将 $(\text{Input}, x_0, \cdots, x_{k-1})$ 发送给理想函数 $F_{ZK}$，后者将 $([x_0]_p, \cdots, [x_{k-1}]_p)$ 返回给 P 和 V。

2. P 和 V 计算 $[t]_p = [x_0]_p + \sum_{i \in [1, k-1]} 2^{\sum_{j \in [0, i-1]} d_j}[x_i]_p - [x]_p$ 并执行 CheckZero 机制检查 $[t]_p$ 是否为 0。

3. P 和 V 将 $c$ 本地分解为 $(c_0, \cdots, c_{k-1})$，使得 $c = c_{k-1} \| \cdots \| c_0$，其中 $c_i \in \{0, 1\}^{di}$。对于 $i \in [0, k-1]$，P 计算 $z_i = 2^{k+i} \cdot 1\{x_i < c_i\} + 2^i \cdot 1\{x_i = c_i\}$，并将 $(\text{Input}, z_0, \cdots, z_{k-1})$ 发送给理想函数 $F_{ZK}$，后者将 $([z_0]_p, \cdots, [z_{k-1}]_p)$ 返回给 P 和 V。

4. 对于 $i \in [0, k-1]$，P 和 V 将 $(\text{Lookup}, L_i, [x_i]_p, [z_i]_p)$ 发送给理想函数 $F_{ZK}^{\text{Lookup}}$，其中 $L_i = \{(x_i, 2^{k+i} \cdot 1\{x_i < c_i\} + 2^i \cdot 1\{x_i = c_i\})\}_{x_i \in \{0,1\}^{di}}$。

5. 对于 $i \in [1, k-1]$，P 计算 $y_0 = 1\{x_0 < c_0\}$ 和 $y_i = 1\{x_i < c_i\} + 1\{x_i = c_i\} \cdot y_{i-1}$，并设置 $y = y_{k-1}$。P 将 $(\text{Input}, y)$ 发送给理想函数 $F_{ZK}$，后者将 $[y]_p$ 返回给 P 和 V。

6. P 和 V 计算 $[z]_p = \sum_{i \in [0, k-1]}[z_i]_p$，并将 $(\text{Lookup}, L, [z]_p, [y]_p)$ 发送给理想函数 $F_{ZK}^{\text{Lookup}}$，其中 $L = \{(\sum_{i \in [0, k-1]} 2^{k+i} \cdot 1\{x_i < c_i\} + 2^i \cdot 1\{x_i = c_i\}, y_{k-1})\}_{x_i \in \{0,1\}^{di}}$。此处，对于 $i \in [1, k-1]$，$y_0 = 1\{x_0 < c_0\}$ 并且 $y_i = 1\{x_i < c_i\} + 1\{x_i = c_i\} \cdot y_{i-1}$。

7. P 和 V 对 $[y]_p - 1$ 执行 CheckZero 机制。

8. 如果以上任何检查失败，V 将终止；否则，V 输出成功。

### 6.3.2 针对数学函数的零知识证明协议

基于上述基础构建块，本节给出三个针对复杂数学函数的零知识证明协议的详细构造，相应的理想函数见算法 6-8。

#### 6.3.2.1 指数零知识证明协议

指数运算 $y = (\frac{1}{e})^x$ 被广泛应用到各类深度学习非线性函数中，例如

Softmax 和 GELU。基于现有安全多方计算工作 SIRNN[54] 的指数协议，本节对于指数操作的零知识证明协议的主要构造思路如下。

(1) 将 $x$ 分解为几个较小的子字符串 $x_0, \cdots, x_{k-1}$，使得 $x = x_{k-1} \| \cdots \| x_0$。这可以通过调用理想函数 $F_{ZK}^{BuildBlock}$ 中提供的数字分解机制进行可验证评估。

(2) 对于 $i \in [0, k-1]$，在每个子字符串 $x_i$ 上调用查找表协议执行指数运算。这可以通过调用理想函数 $F_{ZK}^{Lookup}$ 中的 CheckLookup 机制进行可验证评估。其中，对于 $i \in [1, k-1]$，给出 $\hat{x}_i = \text{F2R}(x_i, p, s)$ 和小数精度 $s$，由数据项 $(x_i, \text{R2F}((\frac{1}{e})^{2\sum_{j\in[0,i-1]}d_j \cdot \hat{x}_i}, p, s))$ 组成的表 $L_i$ 被构建，该表共包含 $2^{d_i}$ 个数据项，即 $x_i \in \{0, 1\}^{d_i}$。对于 $i = 0$，由数据项 $(x_0, \text{R2F}((\frac{1}{e})^{\hat{x}_0}, p, s))$ 组成的表 $L_0$ 被构建，该表共包含 $2^{d_0}$ 个数据项，即 $x_0 \in \{0, 1\}^{d_0}$。

**算法 6-7** 通用比较零知识证明协议 $\Pi\text{Cmp}$

**参数**：证明者 P 和验证者 V，有限域 $F_p$，一个常数 $k$。

**输入**：P 和 V 具有一个经过验证的值 $[x]_p$ 和一个常数 $c$，其中 $x, c \in F_p$。

**输出**：P 和 V 计算 $[y]_p$，其中 $y = 1\{x < c\}$。

1. P 将 $x$ 分解为 $(x_0, \cdots, x_{k-1})$，使得 $x = x_{k-1} \| \cdots \| x_0$，其中，对于 $i \in [0, k-1]$，$x_i \in \{0, 1\}^{d_i}$。P 将 (Input, $x_0, \cdots, x_{k-1}$) 发送给理想函数 $F_{ZK}$，后者将 $([x_0]_p, \cdots, [x_{k-1}]_p)$ 返回给 P 和 V。

2. P 和 V 计算 $[t]_p = [x_0]_p + \sum_{i \in [0,k-1]} 2^{\sum_{j\in[0,i-1]}d_j}[x_i]_p - [x]_p$，并执行 CheckZero 机制检查 $[t]_p$ 是否为 0。

3. P 和 V 将 $c$ 和 $p$ 本地分解为 $(c_0, \cdots, c_{k-1})$ 和 $(p_0, \cdots, p_{k-1})$，使得 $c = c_{k-1} \| \cdots \| c_0$ 并且 $p = p_{k-1} \| \cdots \| p_0$，其中 $c_i \in \{0, 1\}^{d_i}$ 并且 $p_i \in \{0, 1\}^{d_i}$。对于 $i \in [0, k-1]$，P 计算 $z_i = 2^{k+i} \cdot 1\{x_i < c_i\} + 2^i \cdot 1\{x_i = c_i\}$ 以及 $u_i = 2^{k+i} \cdot 1\{x_i < p_i\} + 2^i \cdot 1\{x_i = p_i\}$，并将 (Input, $z_0, \cdots, z_{k-1}, u_0, \cdots, u_{k-1}$) 发送给理想函数 $F_{ZK}$，后者将 $([z_0]_p, \cdots, [z_{k-1}]_p, [u_0]_p, \cdots, [u_{k-1}]_p)$ 返回给 P 和 V。

4. 对于 $i \in [0, k-1]$，P 和 V 将 (Lookup, $Li$, $[x_i]_p$, $[z_i]_p$, $[u_i]_p$) 发送给理想函数 $F_{ZK}^{Lookup}$，其中 $Li = \{(x_i, 2^{k+i} \cdot 1\{x_i < c_i\} + 2^i \cdot 1\{x_i = c_i\}, 2^{k+i} \cdot 1\{x_i < p_i\} + 2^i \cdot 1\{x_i = p_i\})\}_{x_i \in \{0,1\}^d}$。

5. 对于 $i \in [1, k-1]$，P 计算 $y_0 = 1\{x_0 < c_0\}$ 和 $y_i = 1\{x_i < c_i\} + 1\{x_i = c_i\} \cdot y_{i-1}$，并设置 $y = y_{k-1}$。随后，对于 $i \in [1, k-1]$，P 计算 $v_0 = 1\{x_0 < p_0\}$ 和 $v_i = 1\{x_i < p_i\} + 1\{x_i = p_i\} \cdot v_{i-1}$，并设置 $v = v_{k-1}$。P 将 (Input, $y$, $v$) 发送给理想函数 $F_{ZK}$，后者将 ($[y]_p$, $[v]_p$) 返回给 P 和 V。

6. P 和 V 计算 $[z]_p = \sum_{i \in [0,k-1]} [z_i]_p$，并将 (Lookup, $L$, $[z]_p$, $[y]_p$) 发送给理想函数 $F_{ZK}^{Lookup}$，其中 $L = \{(\sum_{i \in [0,k-1]} 2^{k+i} \cdot 1\{x_i < c_i\} + 2^i \cdot 1\{x_i = c_i\}, y_{k-1})\}_{x_i \in \{0,1\}^d}$。此处，对于 $i \in [1, k-1]$，$y_0 = 1\{x_0 < c_0\}$ 并且 $y_i = 1\{x_i < c_i\} + 1\{x_i = c_i\} \cdot y_{i-1}$。

7. P 和 V 计算 $[u]_p = \sum_{i \in [0,k-1]} [u_i]_p$，并将 (Lookup, $L'$, $[u]_p$, $[v]_p$) 发送给理想函数 $F_{ZK}^{Lookup}$，其中 $L' = \{(\sum_{i \in [0,k-1]} 2^{k+i} \cdot 1\{x_i < p_i\} + 2^i \cdot 1\{x_i = p_i\}, v_{k-1})\}_{x_i \in \{0,1\}^d}$。此处，对于 $i \in [1, k-1]$，$v_0 = 1\{x_0 < p_0\}$ 并且 $v_i = 1\{x_i < p_i\} + 1\{x_i = p_i\} \cdot v_{i-1}$。

8. P 和 V 对 $[v]_p - 1$ 执行 CheckZero 机制。

9. 如果以上任何检查失败，V 将终止；否则，P 和 V 输出 $[y]_p$。

(3) 对子字符串上的指数结果相乘以得到最终输出。这可以通过调用理想函数 $F_{ZK}$ 进行可验证计算。

基于上述构造，指数零知识证明协议在算法 6-9 中给出，其中假定输入 $x$ 为非负数。该协议对应的明文机制 PtExp 见算法 6-10。

**进一步优化：**本节观察到可减少算法 6-9 中第 6 步的截断协议调用次数来优化开销。原因是，由于指数的表示范围有限，每个 $y_i \in [0, 2^s]$ 都是很小的值，因此协议可以执行多次乘法而不进行截断。只有当结果即将超过 $p$ 时，再执行截断协议。

**算法 6-8** 针对数学函数的零知识证明协议的理想函数 $F_{ZK}^{Math}$

**参数：**一个有限域 $F_p$。证明者 P 和验证者 V。三个明文数学函数算法，即 PtExp,

PtDiv 和 PtRSqrt，分别展示在算法 6-10、算法 6-12 和算法 6-14 中。该理想函数扩展了理想函数 $F_{ZK}$ 中的指令。

1. 指数理想函数：对于来自 P 和 V 的输入（Exp, $[x]_p$），其中 $x \in [0, \frac{p-1}{2}]$，检查 $[x]_p$ 是否有效，如果无效则终止。计算 $y = \text{PtExp}(x)$，存储 $y$，并发送 $[y]_p$ 给 P 和 V。

2. 除法理想函数：对于来自 P 和 V 的输入（Div, $[x]_p$），其中 $x \in (0, \frac{p-1}{2}]$，检查 $[x]_p$ 是否有效，如果无效则终止。计算 $y = \text{PtDiv}(x)$，存储 $y$，并发送 $[y]_p$ 给 P 和 V。

3. 倒数平方根理想函数：对于来自 P 和 V 的输入（RSqrt, $[x]_p$），其中 $x \in (0, \frac{p-1}{2}]$，检查 $[x]_p$ 是否有效，如果无效则终止。计算 $y = \text{PtRSqrt}(x)$，存储 $y$，并发送 $[y]_p$ 给 P 和 V。

### 6.3.2.2 除法零知识证明协议

除法运算 $y = \frac{1}{x}$ 通常用于深度学习的 Softmax 和 Sigmoid 函数中。目前，针对该操作主要有两类评估算法[54,74,149]：基于通用布尔电路的函数评估和基于函数迭代的函数评估。当前最先进的深度学习零知识证明协议[74]采用了前一种方法，但如第 6.1 节中所述，该方案带来了极大的计算开销。本节的零知识证明协议探索了基于函数迭代的除法评估方法，更具体的是利用了 Goldschmidt 迭代算法[150]，该算法已经在安全多方计算工作中被应用[54,149,151]。需要注意的是，Goldschmidt 迭代算法目前没有被应用到基于零知识证明的协议构造中，主要原因在于利用通用的算术或布尔电路执行该算法中的具体操作和相应验证复杂。借助上文提供的基础构建模块和查找表技术，本节可以自然而然地基于 Goldschmidt 算法构建针对除法操作的零知识证明协议。

本节详细的除法零知识证明协议在算法 6-11 中给出，对应的明文机制 PtDiv 见算法 6-12。具体来说，该除法协议由以下四个步骤组成。

(1) 输入归一化。Goldschmidt 迭代算法需要在一个良好的初始近似上进行迭代，初始近似计算策略要求输入 $x \in [1, 2)$。这可以通过调用理想函数 $F_{ZK}^{BuildBlock}$ 中的最高有效非零位和理想函数 $F_{ZK}^{Lookup}$ 中 CheckLookup 机制对 $x$ 进行归一化，以满足此约束。归一化的结果记为 $z$。

(2) 计算初始近似。归一化输入的初始近似 $y'$ 可以表示为 $y' = a - b \cdot z_0^{[152]}$，其中 $z = z_1 \| z_0$，并且 $(a, b)$ 是由 $z_1$ 确定的系数。这可通过调用理想函数 $F_{ZK}^{Lookup}$ 中 CheckLookup 机制来实现，其中表 $L$ 被构建，该表包含了由所有可能的 $z_1$ 确定的二元组 $(a, b)$。

(3) 执行 Goldschmidt 迭代。初始近似进一步被迭代地调整以优化除法结果的准确性[150]。这可通过调用理想函数 $F_{ZK}$ 中的乘法和理想函数 $F_{ZK}^{BuildBlock}$ 中的正数截断协议来迭代地实现。

(4) 输出归一化。目前，所得计算结果是在归一化输入上的除法输出，因此，应调整输出范围以补偿步骤 1 中输入的归一化。这可通过调用理想函数 $F_{ZK}$ 中的乘法、理想函数 $F_{ZK}^{Lookup}$ 中 CheckLookup 机制和理想函数 $F_{ZK}^{BuildBlock}$ 中的正数截断协议来实现。

**算法 6-9** 指数零知识证明协议

**参数**：一个有限域 $F_p$，常数 $k$，小数精度 $s$。证明者 P 和验证者 V。

**输入**：P 和 V 拥有一个经过验证的值 $[x]_p$，其中 $x \in [0, \frac{p-1}{2}]$。

**输出**：P 和 V 获得 $[y]_p$，其中 $y = \text{PtExp}(x)$。

1. P 和 V 将 $(\text{DigitDec}, [x]_p, d_0, \cdots, d_{k-1})$ 发送给理想函数 $F_{ZK}^{BuildBlock}$，后者返回 $[x_0]_p, \cdots, [x_{k-1}]_p$ 给 P 和 V，其中 $x = x_{k-1} \| \cdots \| x_0$，且对于 $i \in [0, k-1]$，有 $x_i \in \{0, 1\}^{d_i}$；

2. 对于 $i \in [1, k-1]$，P 计算 $y_i = \text{R2F}((\frac{1}{e})^{2^{\sum_{j \in [0, i-1]} d_j} \cdot \hat{x}_i}, p, s)$，对于 $i = 0$，P 计算 $y_i = \text{R2F}((\frac{1}{e})^{\hat{x}_i}, p, s)$，其中 $\hat{x}_i = \text{F2R}(x_i, p, s)$；

3. P 将 $(\text{Input}, y_i)$ 发送给理想函数 $F_{ZK}$，后者返回 $[y_i]_p$ 给 P 和 V；

4. 对于 $i \in [0, k-1]$,P 和 V 将 $(\text{Lookup}, Li, [x_i]_p, [y_i]_p)$ 发送给理想函数 $F_{ZK}^{\text{Lookup}}$,其中,给出 $\hat{x}_i = \text{F2R}(x_i, p, s)$,对于 $i \in [1, k-1]$,有 $Li = \{x_i, \text{R2F}((\frac{1}{e})^{2\sum_{j \in [0, i-1]} * \cdot \hat{x}_i}, p, s)\}_{x_i \in \{0,1\}^{di}}$,对于 $i = 0$,有 $Li = \{x_i, \text{R2F}(((\frac{1}{e})^{\hat{x}}, p, s)\}_{x_i \in \{0,1\}^{di}}$;

5. P 和 V 设置 $[z_0]_p = [y_0]_p$;

6. 对于 $i \in [1, k-1]$,P 和 V 首先调用理想函数 $F_{ZK}$ 计算 $[z_i]_p = [z_{i-1}]_p \cdot [y_i]_p$,随后将 $(\text{PosTrunc}, [z_i]_p, s)$ 发送给理想函数 $F_{ZK}^{\text{BuildBlock}}$,后者返回 $[z_i]_p$ 给 P 和 V;

7. 如果上述检查失败,V 终止;否则,P 和 V 输出 $[y]_p = [z_{k-1}]_p$。

**算法 6-10** 明文指数算法 PtExp

**参数**:常数 $k$,小数精度 $s$。

**输入**:$x \in [0, \frac{p-1}{2}]$。

**输出**:指数结果 $y$。

1. 将 $x$ 解析为 $x = x_{k-1} \| \cdots \| x_0$,其中对于 $i \in [0, k-1]$,有 $x_i \in \{0, 1\}^{di}$;

2. 对于 $i \in [1, k-1]$,计算 $y_i = \text{R2F}((\frac{1}{e})^{2\sum_{j \in [0, i-1]} * \cdot \hat{x}_i}, p, s)$;对于 $i = 0$,计算 $y_i = \text{R2F}((\frac{1}{e})^{\hat{x}}, p, s)$,其中 $\hat{x}_i = \text{F2R}(x_i, p, s)$;

3. 设置 $z_0 = y_0$;

4. 对于 $i \in [1, k-1]$,计算 $z_i = z_{i-1} \cdot y_i \geqslant s$;

5. 输出 $y = z_{k-1}$。

**算法 6-11** 除法零知识证明协议

**参数**:一个有限域 $F_p$,输入比特 $n$,精度 $s$,迭代次数 $I$,查找表参数 $m$。

**输入**:P 和 V 拥有一个经过验证的 $[x]_p$,其中 $x \in (0, 2^n - 1]$。

**输出**:P 和 V 获得 $[y]_p$,其中 $y = \text{PtDiv}(x)$。

1. **步骤 1:输入归一化**

2. P 和 V 将 $(\text{Msnzb}, [x]_p)$ 发送给 $F_{ZK}^{\text{BuildBlock}}$,后者返回 $[k]_p$ 给 P 和 V,其中 $2^k \leqslant$

$x \leq 2^{k+1} - 1$；

3. P 计算 $d = 2^{n-1-k}$ 并将 (Input, $d$) 发送给 $F_{ZK}$，后者返回 $[d]_p$ 给 P 和 V；

4. P 和 V 将 (Lookup, $L$, $[k]_p$, $[d]_p$) 发送给 $F_{ZK}^{Lookup}$，其中 $L = \{k, 2^{n-1-k}\}_{k \in [0, n-1]}$；

5. P 和 V 通过调用 $F_{ZK}$ 计算 $[z]_p = [x]_p \cdot [d]_p$；

6. **步骤 2：计算初始近似**

7. P 和 V 将 (DigitDec, $[z]_p$, $n-1-m$, $m+1$) 发送给 $F_{ZK}^{BuildBlock}$，后者返回 $[z_0]_p$, $[z_1]_p$ 给 P 和 V，其中 $z = z_1 \| z_0$，$z_0 \in \{0, 1\}^{n-1-m}$，$z_1 \in \{0, 1\}^{m+1}$；

8. P 计算 $a = \text{R2F}(\dfrac{2^{-m-1} + \sqrt{\hat{z}_1 \cdot (\hat{z}_1 + 2^{-m})}}{\hat{z}_1(\hat{z}_1 + 2^{-m})}, p, s+n-1) \in \{0, 1\}^{s+n-1}$ 和 $b = \text{R2F}(\dfrac{1}{\hat{z}_1 \cdot (\hat{z}_1 + 2^{-m})}, p, s) \in \{0, 1\}^s$，其中 $\hat{z}_1 = \text{F2R}(z_1, p, m)$；

9. P 将 (Input, $a$, $b$) 发送给 $F_{ZK}$，后者返回 $[a]_p$, $[b]_p$ 给 P 和 V；

10. P 和 V 将 (Lookup, $L$, $[z_1]_p$, $[a]_p$, $[b]_p$) 发送给 $F_{ZK}^{Lookup}$，其中给出 $\hat{z}_1 = \text{F2R}(z_1, p, m)$，有 $L = \{z_1, \text{R2F}(\dfrac{2^{-m-1} + \sqrt{\hat{z}_1 \cdot (\hat{z}_1 + 2^{-m})}}{\hat{z}_1(\hat{z}_1 + 2^{-m})}, p, s+n-1), \text{R2F}(\dfrac{1}{\hat{z}_1 \cdot (\hat{z}_1 + 2^{-m})}, p, s)\}_{z_1 \in \{0,1\}^{m+1}}$；

11. P 和 V 通过调用 $F_{ZK}$ 计算 $[t']_p = [a]_p - [b]_p \cdot [z_0]_p$，并将 (PosTrunc, $[t']_p$, $n-1$) 发送给 $F_{ZK}^{BuildBlock}$，后者返回 $[t]_p$ 给 P 和 V；

12. **步骤 3：执行 Goldschmidt 迭代**

13. P 和 V 通过调用 $F_{ZK}$ 计算 $[a'_0]_p = 2^{n-1+s} - [z]_p \cdot [t]_p$，并将 (PosTrunc, $[a'_0]_p$, $n-1$) 发送给 $F_{ZK}^{BuildBlock}$，后者返回 $[a_0]_p$ 给 P 和 V；

14. P 和 V 计算 $[b_0]_p = 2^s + [a_0]_p$，并设置 $[c_0]_p = [b_0]_p$；

15. **for** $i \in [1, I]$ **do**

16. P 和 V 调用 $F_{ZK}$ 计算 $[a'_i]_p = [a_{i-1}]_p \cdot [a_{i-1}]_p$ 并将 (PosTrunc, $[a'_i]_p$, $s$) 发送给 $F_{ZK}^{BuildBlock}$，后者返回 $[a_i]_p$ 给 P 和 V；

17. P 和 V 计算 $[b_i]_p = 2^s - [a_i]_p$；

18. P 和 V 调用 $F_{ZK}$ 计算 $[c_i']_p = [c_{i-1}]_p \cdot [b_i]_p$ 并将 $(\text{PosTrunc}, [c_i']_p, s)$ 发送给 $F_{ZK}^{\text{BuildBlock}}$，后者返回 $[c_i]_p$ 给 P 和 V；

19. end

20. **步骤 4：输出归一化**

21. P 计算 $e = 2^{n-k}$ 并将 $(\text{Input}, e)$ 发送给 $F_{ZK}$，后者返回 $[e]_p$ 给 P 和 V；

22. P 和 V 将 $(\text{Lookup}, L, [k]_p, [e]_p)$ 发送给 $F_{ZK}^{\text{Lookup}}$，其中 $L = \{k, 2^{n-k}\}_{k \in [0, n-1]}$；

23. P 和 V 通过调用 $F_{ZK}$ 计算 $[y']_p = [cI]_p \cdot [e]_p$，并将 $(\text{PosTrunc}, [y']_p, n-s)$ 发送给 $F_{ZK}^{\text{BuildBlock}}$，后者返回 $[y]_p$ 给 P 和 V；

24. 如果上述检查失败，V 终止；否则，P 和 V 输出 $[y]_p$。

**算法 6-12　明文除法算法 PtDiv**

**参数**：输入比特长度的上界 $n$，小数精度 $s$，进行表查找的比特长度 $m$。

**输入**：$x \in (0, \frac{p-1}{2}]$。

**输出**：除法结果 $y$。

1. **步骤 1：输入归一化**

2. 计算 $k \in [0, n-1]$ 使得 $2^k \leq x \leq 2^{k+1} - 1$；

3. 计算 $z = x \cdot 2^{n-1-k} \in \{0, 1\}^n$；

4. **步骤 2：计算初始近似**

5. 将 $z$ 解析为 $z = z_2 \| z_1$，其中 $z_1 \in \{0, 1\}^{n-1-m}$ 且 $z_2 \in \{0, 1\}^{m+1}$；

6. 计算 $a = \text{R2F}(\frac{2 - m - 1 + \sqrt{\dot{z}_2 \cdot (\dot{z}_2 + 2^{-m})}}{\dot{z}_2 \cdot (\dot{z}_2 + 2^{-m})}, p, s+n-1) \in \{0, 1\}^{s+n-1}$ 和 $b = \text{R2F}(\frac{1}{\dot{z}_2 \cdot (\dot{z}_2 + 2^{-m})}, p, s) \in \{0, 1\}^s$，其中 $\dot{z}_2 = \text{F2R}(z_2, p, m)$；

7. 计算 $y' = a - b \cdot z_1 \gg n - 1 \in \{0, 1\}^{s+1}$；

8. **步骤 3：执行 Goldschmidt 迭代**

9. 计算 $a_0 = 2^{n-1+s} t \cdot z \gg (n-1-s) \in \{0, 1\}^{n-1}$；

10. 计算 $b_0 = 2^s + a_0$，并设置 $c_0 = b_0$；

11. 对于 $i \in [1, I]$,计算 $a_i = a_{i-1} \cdot a_{i-1} \gg s$, $b_i = 2^s - a_i$ 和 $c_i = c_{i-1} \cdot b_i \gg s$;
12. 步骤 4:输出归一化
13. 计算 $y = c_I \cdot 2^{n-k} \gg n - s$;
14. 输出 $y$。

#### 6.3.2.3 倒数平方根零知识证明协议

给出输入 $x > 0$,倒数平方根计算 $y = \dfrac{1}{\sqrt{x}}$ 该操作被用于深度学习模型的归一化层评估中。与上述介绍的除法协议相同,本节仍然选择使用 Goldschmidt 迭代算法[150]评估倒数平方根,即在一个相对精确的初始近似上进行迭代以获得最佳近似结果[54]。算法 6-13 中提供了详细的倒数平方根零知识证明协议,相应的明文过程 PtRSqrt 在算法 6-14 中给出。

### 6.3.3 针对机器学习非线性函数的零知识证明协议

本节提出针对主流的机器学习非线性函数 ReLU、Maxpooling、Sigmoid、Softmax、GELU、LayerNorm 的零知识证明协议。上述章节中介绍的数学函数零知识证明将被应用在机器学习非线性函数的证明协议中。

**1. ReLU**。ReLU 非线性激活函数被广泛应用于卷积神经网络。给定输入 $x$,该激活函数计算

$$y = \text{Max}(x, 0) = x \cdot 1\{x \geq 0\} \tag{6-5}$$

因此,该函数的零知识证明可以通过调用比较协议进行实现,具体协议在算法 6-15 中给出。

**算法 6-13** 倒数平方根零知识证明协议

参数:一个有限域 $F_p$,输入比特 $n$,小数精度 $s$,迭代次数 $I$,查找表参数 $m$。

输入:P 和 V 拥有一个承诺的 $[x]_p$,其中 $x \in (0, 2^n - 1]$。

输出:P 和 V 获得 $[y]_p$,其中 $y = \text{PtRSqrt}(x)$。

1. 步骤 1:输入归一化

2. P 和 V 将 (Msnzb, $[x]_p$) 发送给 $F_{ZK}^{BuildBlock}$，后者返回 $[k]_p$ 给 P 和 V，其中 $2^k \leq x \leq 2^{k+1} - 1$；

3. P 计算 $d = 2^{n-1-k}$ 并将 (Input, $d$) 发送给 $F_{ZK}$，后者返回 $[d]_p$ 给 P 和 V。

4. P 和 V 将 (Lookup, $L$, $[k]_p$, $[d]_p$) 发送给 $F_{ZK}^{Lookup}$，其中 $L = \{k, 2^{n-1-k}\}_{k \in [0, n-1]}$；

5. P 和 V 通过调用 $F_{ZK}$ 计算 $[z]_p = [x]_p \cdot [d]_p$；

6. **步骤 2：计算初始近似**

7. P 和 V 将 (DigitDec, $[k]_p + s$, 1, $\lceil \log(n+s) \rceil - 1$) 发送给 $F_{ZK}^{BuildBlock}$，后者返回 $[k_0]_p$, $[k_1]_p$ 给 P 和 V，其中 $k = k_1 \| k_0$, $k_0 \in \{0, 1\}$, $k_1 \in \{0, 1\}^{\lceil \log(n+s) \rceil - 1}$；

8. P 和 V 将 (DigitDec, $[z]_p$, $n-1-m$, $m+1$) 发送给 $F_{ZK}^{BuildBlock}$，后者返回 $[z_0]_p$, $[z_1]_p$ 给 P 和 V，其中 $z = z_1 \| z_0$, $z_0 \in \{0, 1\}^{n-1-m}$, $z_1 \in \{0, 1\}^{m+1}$；

9. P 计算 $t = \text{R2F}(1 / \sqrt{(k_0 + 1) \cdot \hat{z}_1}, p, s)$，其中 $\hat{z}_1 = \text{F2R}(z_1, p, m)$；

10. P 和 V 将 (Input, $t$) 发送给 $F_{ZK}$，后者返回 $[t]_p$ 给 P 和 V；

11. P 和 V 将 (Lookup, $L$, $2 \cdot [z_1]_p + [k_0]_p$, $[t]_p$) 发送给 $F_{ZK}^{Lookup}$，其中 $L = \{2 \cdot z_1 + k_0, \text{R2F}(1 / \sqrt{(k_0 + 1) \cdot \hat{z}_1}, p, s)\}_{z_1 \in \{0,1\}^{m+1}, k_0 \in \{0,1\}}$, $\hat{z}_1 = \text{F2R}(z_1, p, m)$；

12. **步骤 3：执行 Goldschmidt 迭代**

13. P 和 V 通过调用 $F_{ZK}$ 计算 $[a_0']_p = ([k_0]_p + 1) \cdot [z]_p$，并将 (PosTrunc, $[a_0']_p$, $n-1-s$) 发送给 $F_{ZK}^{BuildBlock}$，后者返回 $[a_0]_p$ 给 P 和 V；

14. P 和 V 设置 $[b_0]_p = [t]_p$ 和 $[c_0]_p = [b_0]_p$；

15. **for** $i \in [1, I]$ **do**

16. P 和 V 调用 $F_{ZK}$ 计算 $[a_i']_p = [b_{i-1}]_p \cdot [b_{i-1}]_p \cdot [a_{i-1}]_p$，并将 (PosTrunc, $[a_i']_p$, $2s$) 发送给 $F_{ZK}^{BuildBlock}$，后者返回 $[a_i]_p$ 给 P 和 V；

17. P 和 V 计算 $[b_i]_p = 3 \cdot 2^s - [a_i]_p$；

18. P 和 V 通过调用 $F_{ZK}$ 计算 $[c_i']_p = [c_{i-1}]_p \cdot [b_i]_p$，并将 (PosTrunc, $[c_i']_p$, $s+1$) 发送给 $F_{ZK}^{BuildBlock}$，后者返回 $[c_i]_p$ 给 P 和 V；

19. **end**
20. 步骤 4：输出归一化
21. P 计算 $e = 2^{\lceil n/2 \rceil + \lceil s/2 \rceil}$，并将 (Input, $e$) 发送给 $F_{ZK}$，后者返回 $[e]_p$ 给 P 和 V；
22. P 和 V 将 (Lookup, $L$, $[k]_p$, $[e]_p$) 发送给 $F_{ZK}^{Lookup}$，其中 $L = \{k, 2^{\lceil n/2 \rceil + \lceil s/2 \rceil}\}_{k \in [0, n-1]}$；
23. P 和 V 通过调用 $F_{ZK}$ 计算 $[y']_p = [cI]_p \cdot [e]_p$，并将 (PosTrunc, $[y']_p$, $\lceil \frac{n-s}{2} \rceil$) 发送给 $F_{ZK}^{BuildBlock}$，后者返回 $[y]_p$ 给 P 和 V；
24. 如果上述检查失败，V 终止；否则，P 和 V 输出 $[y]_p$。

**算法 6-14** 明文倒数平方根算法 PtRSqrt

**参数**：输入比特长度的上界 $n$，小数精度 $s$，进行表查找的比特长度 $m$。

**输入**：$x \in (0, 2^n - 1]$。

**输出**：倒数平方根结果 $y$

1. 步骤 1：输入归一化
2. 计算 $k \in [0, n-1]$ 使得 $2^k \leq x \leq 2^{k+1} - 1$；
3. 计算 $z = x \cdot 2^{n-1-k} \in \{0, 1\}^n$；
4. 步骤 2：计算初始近似
5. 计算 $k_0 = (s + k) \bmod 2 \in \{0, 1\}$；
6. 将 $z$ 解析为 $z = z_2 \| z_1$，其中 $z_1 \in \{0, 1\}^{n-1-m}$ 且 $z_2 \in \{0, 1\}^{m+1}$；
7. 计算 $t = R2F(1 / \sqrt{(k_0+1) \cdot \dot{z}_2}, p, s)$，其中 $\dot{z}_2 = F2R(z_2, p, m)$；
8. 步骤 3：执行 Goldschmidt 迭代
9. 计算 $a_0 = (k_0 + 1) \cdot z \gg -(n-1-s) \in \{0, 1\}^{s+2}$；
10. 设置 $b_0 = t$ 且 $c_0 = b_0$；
11. 对于 $i \in [1, I]$，计算 $a_i = b_{i-1} \cdot b_{i-1} \cdot a_{i-1} \gg 2s$，$bi = 3 \cdot 2^s - a_i$ 和 $c_i = c_{i-1} \cdot b_i \gg s + 1$；
12. 步骤 4：输出归一化
13. 计算 $y = c_I \cdot 2^{\lceil n/2 \rceil + \lceil s/2 \rceil} \gg \frac{n-s}{2}$；

14. 输出 $y$。

**算法 6-15** ReLU 零知识证明协议

**参数**：证明者 P 和验证者 V，有限域 $F_p$。

**输入**：P 和 V 拥有经过认证的值 $[x]_p$。

**输出**：P 和 V 输出 $[y]_p$，其中 $y = \text{ReLU}(x)$。

1. P 和 V 向理想函数 $F_{ZK}^{\text{BuildBlock}}$ 发送 $(\text{Cmp}, [x]_p, \frac{p+1}{2})$，该理想函数返回 $[b]_p$ 给 P 和 V。

2. P 和 V 调用理想函数 $F_{ZK}$ 来计算 $[y]_p = [x]_p \cdot [b]_p$。

3. P 和 V 输出 $[y]_p$。

**2. 最大池化**。最大池化（Maxpooling）是卷积神经网络的一个重要操作，用于降低特征图的空间维度并选择最相关的特征。给定单个滑动窗口内的一组输入 $(x_0, \cdots, x_{n-1})$，Maxpooling 计算

$$y = \text{Max}(x_0, \cdots, x_{n-1}) \tag{6-6}$$

算法 6-16 详细描述了本章提供的 Maxpooling 协议。在该协议中，证明者需要提供 Maxpooling 的结果 $y$，然后协议验证以下条件是否成立：①对于所有的 $i \in [0, n-1]$，满足 $y - x_i \geq 0$，以确保 $y$ 是 $(x_0, \cdots, x_{n-1})$ 中的最大值；②$\prod_{i=0}^{n-1}(y - x_i) = 0$，以确保 $y \in \{x_0, \cdots, x_{n-1}\}$。前者可调用比较零知识证明协议实现，后者可调用 CheckZero 机制实现。

**算法 6-16** Maxpooling 零知识证明协议

**参数**：证明者 P 和验证者 V，有限域 $F_p$。

**输入**：P 和 V 拥有经过认证的值 $[x_0]_p, \cdots, [x_{n-1}]_p$。

**输出**：P 和 V 输出 $[y]_p$，其中 $y = \text{Max}(x_0, \cdots, x_{n-1})$。

1. P 计算 $y = \text{Max}(x_0, \cdots, x_{n-1})$ 并发送 $(\text{Input}, y)$ 给 $F_{ZK}$，该理想函数返回 $[y]_p$ 给 P 和 V。

2. 对于 $i \in [0, n-1]$，P 和 V 通过调用理想函数 $F_{ZK}$ 计算 $[t_i]_p = [y]_p - [x_i]_p$，并将 $(\text{VrfyCmp}, [t_i]_p, \frac{p+1}{2}$ 发送给理想函数 $F_{ZK}^{\text{BuildBlock}}$。

**3.** P 和 V 设置 $[d_0]_p = [t_0]_p$。对于 $i \in [1, n-1]$，P 和 V 通过调用理想函数 $F_{ZK}$ 计算 $[d_i]_p = [d_{i-1}]_p \cdot [t_i]_p$。

**4.** P 和 V 对 $[d_{n-1}]_p$ 执行 CheckZero 程序以验证 $d_{n-1} = 0$。

**5.** 如果上述任何检查失败，V 中止。否则，P 和 V 输出 $[y]_p$。

**3. Sigmoid**。Sigmoid 是机器学习模型中常用的激活函数，它可以将任意输入值映射到 0 到 1 的范围内。给定一个输入 $x$，Sigmoid 计算

$$y = \frac{1}{1 + e^{-x}} \tag{6-7}$$

如果 $x \geq 0$，则可以写成 $y = \frac{1}{1+e^{-|x|}}$；如果 $x < 0$，则可以写成 $y = e^{-|x|} \cdot \frac{1}{1+e^{-|x|}}$。因此，该零知识证明协议可以通过调用本章的比较零知识证明协议，以及指数和除法协议来构建。详细的协议在算法 6-17 中给出。

**算法 6-17** Sigmoid 零知识证明协议

**参数**：证明者 P 和验证者 V，有限域 $F_p$，小数精度 $s$。

**输入**：P 和 V 拥有经过认证的值 $[x]_p$。

**输出**：P 和 V 计算 $[y]_p$，其中 $y = \text{Sigmoid}(x)$。

**1.** P 和 V 将 $(\text{Cmp}, [x]_p, \frac{p+1}{2})$ 发送给理想函数 $F_{ZK}^{\text{BuildBlock}}$，该理想函数返回 $[b]_p$ 给 P 和 V。

**2.** P 和 V 通过调用理想函数 $F_{ZK}$ 计算 $[\bar{x}]_p = (2 \cdot [b]_p - 1) \cdot [x]_p$。

**3.** P 和 V 将 $(\text{Exp}, [\bar{x}]_p)$ 发送给理想函数 $F_{ZK}^{\text{Math}}$，该理想函数返回 $[z]_p$ 给 P 和 V。

**4.** P 和 V 将 $(\text{Div}, 2^s + [z]_p)$ 发送给理想函数 $F_{ZK}^{\text{Math}}$，该理想函数返回 $[d_1]_p$ 给 P 和 V。

**5.** P 和 V 通过调用理想函数 $F_{ZK}$ 计算 $[d'_2]_p = [z]_p \cdot [d_1]_p$，并将 $(\text{PosTrun}c, [d'_2]_p, s)$ 发送给理想函数 $F_{ZK}^{\text{BuildBlock}}$，该理想函数返回 $[d_2]_p$。

**6.** P 和 V 通过调用理想函数 $F_{ZK}$ 计算 $[y]_p = [b]_p \cdot [d_1]_p + (1 - [b]_p) \cdot [d_2]_p$。

**7.** P 和 V 输出 $[y]_p$。

**4. Softmax**。Softmax 在机器学习模型中发挥着重要的作用。例如，在卷

积神经网络中，它用于生成不同类别的概率分布，同时在大语言模型中，它用于计算语言注意力分数和文本生成。给定输入$(x_0, \cdots, x_{n-1})$，Softmax 计算$(y_0, \cdots, y_{n-1})$，使得对于$i \in [0, n-1]$，有

$$y_i = \frac{e^{x_i - x_{max}}}{\sum_{j \in [0, n-1]} e^{x_j - x_{max}}} \tag{6-8}$$

式中，$x_{max} = \mathrm{Max}(x_0, \cdots, x_{n-1})$。详细协议在算法 6-18 中给出。

**算法 6-18**　Softmax 零知识证明协议

**参数**：证明者 P 和验证者 V，有限域 $F_p$，小数精度 s。

**输入**：P 和 V 拥有经过认证的值$[x_0]_p, \cdots, [x_{n-1}]_p$。

**输出**：P 和 V 计算$[y]_p$，其中 $y = \mathrm{Softmax}(x_0, \cdots, x_{n-1})$。

**1.** P 和 V 使用输入$([x_0]_p, \ldots [x_{n-1}]_p)$调用协议 $\Pi_{\mathrm{Maxpool}}$，返回$[x_{max}]_p$。

**2.** 对于$i \in [0, n-1]$，P 和 V 将$(\mathrm{Exp}, [x_{max}]_p - [x_i]_p)$发送给理想函数 $F_{\mathrm{ZK}}^{\mathrm{Math}}$，该理想函数返回$[z_i]_p$给 P 和 V。

**3.** P 和 V 将$(\mathrm{Div}, \sum_{i \in [0, n-1]}[z_i]_p)$发送给理想函数 $F_{\mathrm{ZK}}^{\mathrm{Math}}$，该理想函数返回$[t]_p$给 P 和 V。

**4.** 对于$i \in [0, n-1]$，P 和 V 通过调用理想函数 $F_{\mathrm{ZK}}$ 计算$[y'_i]_p = [t]_p \cdot [z_i]_p$，并将$(\mathrm{PosTrunc}, [y'_i]_p, s)$发送给理想函数 $F_{\mathrm{ZK}}^{\mathrm{BuildBlock}}$，该理想函数返回$[y_i]_p$。

**5.** P 和 V 输出$[y]_p = ([y_0]_p, \cdots, [y_{n-1}]_p)$。

**5. GELU**。GELU 激活函数被广泛用于基于 Transformer 的大语言模型中。给出输入 $x$，GELU 函数计算如下：

$$y = 0.5 \cdot x(1 + \mathrm{Tanh}[\sqrt{2/\pi} \cdot (x + 0.044715 \cdot x^3)]) \tag{6-9}$$

式中，$\mathrm{Tanh}(x) = 2 \cdot \mathrm{Sigmoid}(2x) - 1$。因此，该零知识证明可以通过调用 Sigmoid 零知识证明协议来实现。详细的协议在算法 6-19 中给出。

**算法6-19** GELU零知识证明协议

**参数**：证明者P和验证者V，有限域$F_p$，小数精度$s$。

**输入**：P和V拥有经过认证的值$[x]_p$。

**输出**：P和V计算$[y]_p$，其中$y = \text{GELU}(x)$。

1. P和V通过调用理想函数$F_{\text{ZK}}$计算$[k']_p = [x]_p \cdot [x]_p \cdot [x]_p$，并将(Trunc, $[k']_p$, $2s$)发送给理想函数$F_{\text{ZK}}^{\text{BuildBlock}}$，该理想函数返回$[k]_p$。

2. P和V通过调用理想函数$F_{\text{ZK}}$计算$[t]_p = \text{R2F}(\sqrt{2/\pi}, p, s) \cdot [x]_p + \text{R2F}(\sqrt{2/\pi} \cdot 0.044715, p, s) \cdot [k]_p$，并将(Trunc, $[t']_p$, $s$)发送给理想函数$F_{\text{ZK}}^{\text{BuildBlock}}$，该理想函数返回$[t]_p$。

3. P和V使用输入$2 \cdot [t]_p$调用协议$\Pi_{\text{Sigmoid}}$，返回$[d]_p$。V通过调用理想函数$F_{\text{ZK}}$计算$[y']_p = [x]_p \cdot [d]_p$，并将(Trunc, $[y']_p$, $s$)发送给理想函数$F_{\text{ZK}}^{\text{BuildBlock}}$，该理想函数返回$[y]_p$。

4. P和V输出$[y]_p$。

**6. LayerNorm**。LayerNorm在机器学习中起着至关重要的作用，可以稳定训练并提高模型的泛化能力。给定输入$(x_0, \cdots, x_{n-1})$，LayerNorm计算$(y_0, \cdots, y_{n-1})$，使得对于$i \in [0, n-1]$，有

$$y_i = \gamma \cdot \frac{x_i - \mu}{\sqrt{\sigma}} + \beta \tag{6-10}$$

式中，$(\gamma, \beta)$是训练的线性变换参数，$\mu = \frac{\sum_{i \in [0,n-1]} x_i}{n}$，$\sigma = \frac{\sum_{i \in [0,n-1]} (x_i - \mu)^2}{n}$。这个函数可以通过调用倒数平方根协议来实现，算法6-20中给出了详细的LayerNorm可验证评估协议。

**算法 6-20　LayerNorm 零知识证明协议**

**参数**：证明者 P 和验证者 V，有限域 $F_p$，小数精度 s。

**输入**：P 和 V 拥有经过认证的值 $[x_0]_p,\cdots,[x_{n-1}]_p$ 和经过认证的训练参数 $[\gamma]_p,[\beta]_p$。

**输出**：P 和 V 计算 $[y]_p$，其中 $y = \mathrm{LayerNorm}(x_0,\cdots,x_{n-1})$。

1. P 和 V 通过调用理想函数 $F_{\mathrm{ZK}}$ 计算 $[\mu']_p = \mathrm{R2F}(\frac{1}{n},p,s)\cdot\sum_{i\in[0,n-1]}[x_i]_p$，并将 $(\mathrm{Trunc},[\mu']_p,s)$ 发送给理想函数 $F_{\mathrm{ZK}}^{\mathrm{BuildBlock}}$，该理想函数返回 $[\mu]_p$。

2. P 和 V 通过调用理想函数 $F_{\mathrm{ZK}}$ 计算 $[\sigma']_p = \mathrm{R2F}(\frac{1}{n},p,s)\cdot(\sum_{i\in[0,n-1]}[x_i-\mu]_p\cdot[x_i-\mu]_p)$，并将 $(\mathrm{PosTrunc},[\sigma']_p,2_s)$ 发送给理想函数 $F_{\mathrm{ZK}}^{\mathrm{BuildBlock}}$，该理想函数返回 $[\sigma]_p$。

3. P 和 V 将 $(\mathrm{RSqrt},[\sigma]_p)$ 发送给理想函数 $F_{\mathrm{ZK}}^{\mathrm{Math}}$，该理想函数返回 $[t]_p$。

4. 对于 $i\in[0,n-1]$，P 和 V 通过调用理想函数 $F_{\mathrm{ZK}}$ 计算 $[z_i']_p = [t]_p\cdot([x_i]_p-[\mu]_p)$，并将 $(\mathrm{Trunc},[z_i']p,s)$ 发送给理想函数 $F_{\mathrm{ZK}}^{\mathrm{BuildBlock}}$，该理想函数返回 $[z_i]_p$。

5. 对于 $i\in[0,n-1]$，P 和 V 通过调用理想函数 $F_{\mathrm{ZK}}$ 计算 $[y'i]_p = [\gamma]_p\cdot[z_i]_p + 2_s\cdot[\beta]_p$，并将 $(\mathrm{Trunc},[y'i]p,s)$ 发送给理想函数 $F_{\mathrm{ZK}}^{\mathrm{BuildBlock}}$，该理想函数返回 $[y_i]_p$。

6. P 和 V 输出 $[y]_p = ([y_0]_p,\cdots,[y_{n-1}]_p)$。

## 6.4　安全性证明

本节主要证明数字分解、截断和最高有效非零位等三个基础构建块协议的安全性。数学函数的安全性可以直接规约到查找表、基础构建块零知识证明协议的安全性。与现有的零知识证明工作类似[104,106],本章提供的所有协议中验证者 V 都没有任何输入,只接收来自理想函数的消息。因此,对于一个恶意的验证者来说,证明安全性是直接的,因此本节只关注证明者 P 恶意的情况。

本节构建了一个模拟器 S,它将敌手 A 作为一个子例程运行。随后,本节证明了环境 Z 无法区分真实世界下的执行和理想世界下的执行。下面分别阐述三个基础构建块协议的安全性。

**定理 6.1** 在静态、恶意敌手存在的情况下,算法 6-2 中的数字分解零知识证明协议在 $(F_{ZK}, F_{ZK}^{Lookup})$-混合模型中安全地实现了理想函数 $F_{ZK}^{BuildBlock}$ 中的 DigitDec 指令。

**证明**:首先简要分析数字分解零知识证明协议的正确性,接着给出正式的安全性分析。

**1. 正确性**。对于 $i \in [0, k-1]$,如果 P 和 V 获得正确的 $[x_i]_p$,那么针对查找表和消息验证码合法性的检查将通过,协议不会终止。

**2. 安全性**。S 和敌手 A 按照以下方式进行交互。

(1) S 通过记录 A 发送给理想函数 $F_{ZK}$ 的消息 $([x_0]_p, \cdots, [x_{k-1}]_p)$ 来模拟 $F_{ZK}$。

(2) S 与 A 一起模拟理想函数 $F_{ZK}^{Lookup}$。对于 $i \in [0, k-1]$,在接收到 $(Ri, [x_i]_p)$ 时,如果 $F_{ZK}^{Lookup}$ 终止,则 S 向理想函数 $F_{ZK}^{BuildBlock}$ 发送 abort 并终止。

(3) S 本地计算 $[z]_p = [x_0]_p + \sum_{i \in [i,k-1]} 2^{\sum_{j \in [0,i-1]} d_j} [x_i]_p - [x]_p$。注意,$[x]_p$ 已经在先前与 A 的交互中被 S 记录。

(4) S 与 A 执行 CheckZero 过程。如果在该过程中接收到的值与上述步骤中的 $[z]_p$ 不相等,则 S 向 $F_{ZK}^{BuildBlock}$ 发送 abort 并终止。

(5) S 向 $F_{ZK}^{BuildBlock}$ 发送 $([x]_p, [x_0]_p, \cdots, [x_{k-1}]_p)$。

除了 CheckZero 过程,由 S 模拟的敌手 A 的视图是完美的。在真实协议执行中，如果 A 收到的值在 CheckZero 过程中不是合法的 $[z]_p$，那么根据第 2.3.8 节中的分析，诚实的验证者将以最多 $1/p + \text{negl}(k)$ 的概率终止。在理想世界中，一旦 $[z]_p$ 不合法，S 的输出就会终止。因此，由 S 模拟的敌手 A 的视图与真实协议执行中 A 的视图在计算上是无法区分的。

**定理 6.2** 在静态、恶意敌手存在的情况下，算法 6-3 中的正数截断零知识证明协议在 $(F_{\text{ZK}}, F_{\text{ZK}}^{\text{Lookup}})$-混合模型中安全地实现了理想函数 $F_{\text{ZK}}^{\text{BuildBlock}}$ 中的 PosTrunc 指令。

**证明**：首先简要分析正数截断零知识证明协议的正确性，接着给出正式的安全性分析。

**1. 正确性**。正数截断协议的正确性可直接归约到数字分解协议的正确性。

**2. 安全性**。S 和敌手 A 按照以下方式进行交互。

(1) S 和 A 一起模拟理想函数 $F_{\text{ZK}}^{\text{BuildBlock}}$ 中的 DigitDec 命令。在接收到 $([x]_p, t, m-t)$ 时，如果 $F_{\text{ZK}}^{\text{BuildBlock}}$ 终止，则 S 终止；否则，S 向 A 发送 $[x_0]_p$，$[x_1]_p$，其中 $x = x_1 \| x_0$，$x_0 \in \{0, 1\}^t$，且给出 $m = \lceil \log p \rceil - 1$，有 $x_1 \in \{0, 1\}^{m-t}$。注意，S 早在先前与 A 的交互便已获得了 $[x]_p$。

(2) S 向理想函数 $F_{\text{ZK}}^{\text{BuildBlock}}$ 发送 $[x]_p$，$[x_1]_p$。

由 S 模拟的敌手 A 的视图是完美的。因此，由 S 模拟的敌手 A 的视图与真实协议执行中 A 的视图完全相同。

**定理 6.3** 在静态、恶意敌手存在的情况下，算法 6-4 中的通用截断零知识证明协议在 $(F_{\text{ZK}}, F_{\text{ZK}}^{\text{BuildBlock}})$-混合模型中安全地实现了理想函数 $F_{\text{ZK}}^{\text{BuildBlock}}$ 中的 Trunc 指令。

**证明**：首先简要分析通用截断零知识证明协议的正确性，接着给出正式的安全性分析。

**1. 正确性**。直观地说，如果证明者遵循比较、正数截断和乘法的协议，并且没有终止，那么结果 $[y]_p$ 是正确的。

**2. 安全性**。S 和敌手 A 按照以下方式进行交互。

(1) S 和 A 一起模拟理想函数 $F_{ZK}^{BuildBlock}$ 中的 Cmp 命令。在接收到 $([x]_p, \frac{p+1}{2})$ 后，如果 $F_{ZK}^{BuildBlock}$ 终止，则 S 终止；否则，S 向 A 发送 $[b]_p$，其中 $b = 1\{x < \frac{p+1}{2}\}$。注意，$[x]_p$ 已经在先前与 A 的交互中被 S 记录。

(2) S 通过从 A 处接收消息 $([x]_p, [b]_p)$ 来模拟 $F_{ZK}$。如果 $F_{ZK}$ 终止，则 S 终止，否则，S 向 A 发送 $[\bar{x}]_p$，其中 $\bar{x} = (2 \cdot b - 1) \cdot x - (1 - b)$。

(3) S 与敌手 A 一起模拟 $F_{ZK}^{BuildBlock}$ 中的 PosTrunc 命令。在接收到 $([\bar{x}]_p, t)$ 后，如果 $F_{ZK}^{BuildBlock}$ 终止，则 S 终止；否则，S 向 A 发送 $[\bar{y}]_p$，其中 $\bar{y} = $ R2F(F2R$(\bar{x}, p)/2^t, p)$。

(4) S 通过从 A 处接收消息 $([\bar{y}]_p, [b]_p)$ 来模拟 $F_{ZK}$。如果 $F_{ZK}$ 终止，则 S 终止；否则，S 向 A 发送 $[y]_p$，其中 $y = (2 \cdot b - 1) \cdot \bar{y} - (1 - b)$。

(5) S 向理想函数 $F_{ZK}^{BuildBlock}$ 发送 $[x]_p, [y]_p$。

由 S 模拟的敌手 A 的视图是完美的。因此，由 S 模拟的敌手 A 的视图与真实协议执行中 A 的视图完全相同。

**定理 6.4** 在静态、恶意敌手存在的情况下，算法 6-5 中的最高非零有效位零知识证明协议在 $(F_{ZK}, F_{ZK}^{Lookup})$-混合模型中安全地实现了理想函数 $F_{ZK}^{BuildBlock}$ 中的 Msnzb 指令。

**证明**：首先简要分析最高非零有效位零知识证明协议的正确性，接着给出正式的安全性分析。

**1. 正确性**。直观地说，如果提供了正确的 $[y]_p$，查找表和比较零知识证明协议中的检查将通过，并且不会终止。

**2. 安全性**。S 和敌手 A 按照以下方式进行交互：

(1) S 通过记录 A 发送给理想函数 $F_{ZK}$ 的消息 $([y]_p, [z_0]_p, [z_1]_p)$ 来模拟 $F_{ZK}$。

(2) S 与 A 一起模拟 $F_{ZK}^{Lookup}$。在接收到 $(L, [y]_p, [z_0]_p, [z_1]_p)$ 时，如果 $F_{ZK}^{Lookup}$ 终止，则 S 向理想函数 $F_{ZK}^{BuildBlock}$ 发送 abort 并终止。

(3) S 与 A 一起模拟理想函数 $F_{ZK}^{BuildBlock}$ 的 VrfyCmp 命令。在接收到 $([x]_p - [z_0]_p, \frac{p+1}{2})$ 和 $([z_1]_p - [x]_p, \frac{p+1}{2})$ 时，如果 $F_{ZK}^{BuildBlock}$ 终止，则 S 终止。注意，S 早在先前与 A 的交互中便已获得了 $[x]_p$。

(4) S 向理想函数 $F_{ZK}^{BuildBlock}$ 发送 $[x]_p$，$[y]_p$。

由 S 模拟的敌手 A 的视图是完美的。因此，由 S 模拟的敌手 A 的视图与真实协议执行中 A 的视图完全相同。

**定理 6.5** 在静态、恶意敌手存在的情况下，算法 6-6 中的最高非零有效位零知识证明协议在 $(F_{ZK}, F_{ZK}^{Lookup})$-混合模型中安全地实现了理想函数 $F_{ZK}^{BuildBlock}$ 中的 VrfyCmp 指令。

**证明**：首先简要分析比较验证零知识证明协议的正确性，接着给出正式的安全性分析。

**1. 正确性**。直观地说，如果 $x < c$ 是正确的，查找表和比较零知识证明协议中的检查将通过，并且不会终止。

**2. 安全性**。S 和敌手 A 按照以下方式进行交互：

(1) S 模拟 $F_{ZK}$，记录 A 发送给 $F_{ZK}$ 的 $([x_0]_p, \cdots, [x_{k-1}]_p)$。

(2) S 在本地计算 $[t]_p = [x_0]_p + \sum_{i \in [1, k-1]} 2^{\sum_{j \in [0, i-1]} d_j} [x_i]_p - [x]_p$。注意，$[x]_p$ 是由 S 在 A 与 $F_{ZK}$ 之前的交互中获得的。

(3) S 与 A 执行 CheckZero 过程。如果在上一步中接收到的值不等于 $[t]_p$，则 S 向 $F_{ZK}^{BuildBlock}$ 发送 abort 并中止。

(4) S 模拟 $F_{ZK}$，记录 A 发送给 $F_{ZK}$ 的 $([z_0]_p, \cdots, [z_{k-1}]_p)$。

(5) S 与 A 模拟 $F_{ZK}^{Lookup}$。对于收到的 $(Li, [x_i]_p, [z_i]_p)$，$i \in [0, k-1]$，如果 $F_{ZK}^{Lookup}$ 中止，则 S 向 $F_{ZK}^{BuildBlock}$ 发送 abort 并中止。

(6) S 模拟 $F_{ZK}$，记录 A 发送给 $F_{ZK}$ 的 $[y]_p$。

(7) S 在本地计算 $[z]_p = \sum_{i \in [0, k-1]} [z_i]_p$。S 与 A 一起模拟 $F_{ZK}^{Lookup}$。对于收到的 $(L, [z]_p, [y]_p)$，如果 $F_{ZK}^{Lookup}$ 中止，则 S 向 $F_{ZK}^{BuildBlock}$ 发送 abort 并中止。

(8) S 与 A 执行 CheckZero 过程。如果在上一步中接收到的值不等于 $[y]_p - 1$，则 S 向 $F_{ZK}^{BuildBlock}$ 发送 abort 并中止。

由 S 模拟的敌手 A 的视图是完美的并且它与真实协议执行中 A 的视图完全相同。

## 6.5 实验

下面，本节首先介绍实验设置，紧接着评估所提协议的性能，包括针对基础构建模块的零知识证明协议性能和针对数学函数的零知识证明协议性能。

### 6.5.1 实验设置

**实验环境设置**：本章提供的零知识证明协议利用 C++语言，基于 EMP-toolkit 代码库进行实现。EMP-toolkit 代码库提供了交互式零知识证明协议 QuickSilver[61] 的实现。协议在亚马逊 AWSc5.9xlarge 实例上进行测试，该实例配备了 3.6GHz Intel Xeon 8000CPU，所有测试均在单线程下进行。实验中模拟了三种不同的网络环境，带宽分别为 200 Mbps、500 Mbps 和 1 Gbps。除非有特殊说明，否则下文中展示的实验结果的默认带宽设置为 500 Mbps。

**1. 实现细节**。与现有的零知识证明工作[60,61,74]相同，本章协议实现中的计算安全参数设置为 $\kappa = 128$，统计安全参数设置为 $\lambda \geq 40$。所有操作运行在一个 61 比特的域 $F_p$ 上，其中 $p = 2^{61} - 1$ 是一个梅森素数。在实验评估中，默认的实例数量为 $10^5$，小数精度为 12。此外，在构建查找表时，协议将原始输入分解为多个较短的子字符串，除了最高位外，每个子字符串都是 12 个比特。

**2. 比较基准**。本章选择 Mystique[74] 作为所提协议的比较基准。Mystique 为深度学习中非线性函数的可验证评估设计了全面的零知识证明协议，包括指数、除法和倒数平方根，是当前针对深度学习任务的零知识证明最新技术。Mystique[74] 的协议实现在 Rosetta 代码库①中提供。为了公平比较，本章在 EMP-toolkit 代码库中复现了 Mystique 的相关协议，并在与本章协议相同的网络环境和实验设置下重新运行了这些协议。

### 6.5.2 针对基础构建块的零知识证明协议性能

**分摊设置下的计算与通信性能**。表 6-1 中展示了针对基础构建块的零知识证明协议的性能，包括数字分解、正数截断、通用截断和最高非零有效位，展示了不同网络带宽环境下的分摊运行时间和通信开销。首先分析运行时间。可以观察到，在分摊设置下，本章提供的所有基础构建块都是极其高效的。具体来说，当网络带宽为 1 Gbps 时，所有构建块的运行时间为 8.946～30.224 微秒。即使处在带宽受限的网络环境中，即带宽为 200 Mbps 时，这些构建块的运行时间仅为 10.320～34.806 微秒。由此可见，网络带宽大小对本章基础构建块的评估性能只会产生轻微的影响。例如，对于数字分解协议，在 1 Gbps 网络带宽下，运行一次实例的时间为 8.946 微秒，在 200 Mbps 带宽下，运行一次实例的时间为 10.320 微秒，两者之间仅相差 1.374 微秒。相同的现象也可在正数截断、通用截断、最高非零有效位、比较验证和通用比较操作的评估性能中观察到。产生该现象的主要原因在于，这些基础构建块具有良好的通信性能，即协议评估中的交互次数和通信量均很低。

---

① https：//github.com/LatticeX-Foundation/Rosetta

表 6-1  本章基础构建模块零知识证明协议在分摊设置下的运行时间和通信开销

| 协议 | 不同网络带宽下的运行时间/μs 微秒 | | | 通信/KB 开销 |
| --- | --- | --- | --- | --- |
| | 200 Mbps | 500 Mbps | 1 Gbps | |
| 数字分解 | 10.320 | 9.058 | 8.946 | 0.159 |
| 正数截断 | 10.352 | 8.990 | 8.951 | 0.159 |
| 通用截断 | 32.488 | 28.899 | 28.814 | 0.475 |
| 最高非零有效位 | 34.806 | 30.360 | 30.224 | 0.508 |
| 比较验证协议 | 15.862 | 14.314 | 14.358 | 0.230 |
| 通用比较协议 | 20.662 | 18.918 | 18.569 | 0.301 |

接下来分析通信开销。从表 6-1 中可以观察到，四个基础构建块都具有良好的通信性能，具体通信量为 0.159～0.508 KB。其中，数字分解协议和正数截断协议具有相同的通信开销，即 0.159 KB，原因在于正数截断是通过直接调用数字分解协议实现的。相比之下，评估最高非零有效位的通信开销较高，原因是该评估中需要额外地调用比较零知识证明协议。这些实验结果足以说明，本章提出的基础构建块是通用的，可在各类网络设置中进行高效应用。

不同实例数量下的计算与通信性能。表 6-2 展示了不同实例数量（$10^3$，$10^4$，$10^5$）对基础构建块运行时间和通信性能的影响，其中网络带宽被固定为 500 Mpbs。首先分析运行时间。显而易见，随着实例数量的增加，运行时间逐渐增大。具体来说，以通用截断为例，当实例数量为 $10^3$ 时，所需运行时间仅为 0.008 秒；当实例数量增大到 $10^5$ 时，运行时间相应增加到 0.906 秒。此外，尽管本章提供的基础构建块更适合于分摊设置，但从表 6-2 可以观察到，即使在较少实例数量的评估中，它们仍然非常高效。例如，当评估 $10^3$ 个实例时，最高效的数字分解零知识证明协议的运行时间仅为 0.008 秒，相对复杂的最高非零有效位零知识证明协议的运行时间也只有 0.033 秒。

接下来分析通信开销。与运行时间相同，随着实例数量的增加，通信开销逐渐增大。尽管如此，四个基础构建块在不同实例数量下均展现出良好的通信性能。

表 6-2 本章基础构建模块零知识证明协议在不同实例数量下的运行时间和通信开销

| 协议 | $10^3$ | | $10^4$ | | $10^5$ | |
| --- | --- | --- | --- | --- | --- | --- |
| | 时间/s | 通信开销/MB | 时间/s | 通信开销/MB | 时间/s | 通信开销/MB |
| 数字分解 | 0.008 | 0.215 | 0.113 | 1.588 | 0.906 | 15.571 |
| 正数截断 | 0.008 | 0.215 | 0.115 | 1.588 | 0.899 | 15.571 |
| 通用截断 | 0.017 | 0.448 | 0.204 | 3.881 | 2.890 | 46.471 |
| 最高非零有效位 | 0.033 | 0.868 | 0.327 | 5.262 | 3.036 | 49.586 |
| 比较验证协议 | 0.023 | 0.599 | 0.164 | 2.591 | 1.431 | 22.504 |
| 通用比较协议 | 0.008 | 0.217 | 0.109 | 2.140 | 1.892 | 29.374 |

例如，正数截断零知识证明协议评估 $10^3$ 个实例时的通信开销为 0.215 MB，在评估 $10^5$ 个实例时，通信开销也仅为 15.571 MB。即使是相对复杂的最高非零有效位零知识证明协议，当面对大量评估实例时，即 $10^5$，通信开销也是令人满意的。此外，数字分解协议和正数截断协议在不同实例数量下均具有相同的通信开销，原因是正数截断是通过直接调用数字分解协议实现的。

不同小数精度下的计算与通信性能。表 6-3 展示了不同小数精度对基础构建块运行时间和通信性能的影响，其中带宽被固定为 500 Mbps，实例数量被固定为 $10^5$。可以观察到，在不同小数精度设置下，四个基础构建块的运行时间和通信开销都是符合预期的。以正数截断为例，小数精度为 14 比特时，运行时间和通信开销分别为 1.158 秒和 18.565 MB。相对复杂的最高非零有效位零知识证明协议的运行时间和通信开销仅分别只有 3.036 秒和 49.586 MB。

此外，需要注意的是，小数精度仅影响正数截断和通用截断操作的性能，这是因为小数精度仅代表截断的比特长度。在两个截断协议中，相比于小数精度从 14 比特增加 16 比特时的变化趋势，当小数精度从 12 比特增加到 14 比特时，运行时间有明显的增大。主要原因是，如第 6.5.1 节所述，协议运行时构造的查找表最多包含 $2^{12}$ 个数据项，对应一个 12 比特的字符串。因此，当小数精度为 12 比特时，两个截断协议均只需一个查找表，然而当小数精度为 14 或 16 比特时，协议需要两个查找表来完成，其中一个查找表对应一个 12 比特的子字符串，另一个查找表对应一个 2 比特或 4 比特的子字符串。

表 6-3 本章基础构建模块零知识证明协议在不同小数精度下的运行时间和通信开销

| 协议 | 12 | | 14 | | 16 | |
| --- | --- | --- | --- | --- | --- | --- |
| | 时间/s | 通信开销/MB | 时间/s | 通信开销/MB | 时间/s | 通信开销/MB |
| 数字分解 | 0.906 | 15.571 | 0.906 | 15.571 | 0.906 | 15.571 |
| 正数截断 | 0.899 | 15.571 | 1.157 | 18.576 | 1.158 | 18.565 |
| 通用截断 | 2.890 | 46.471 | 3.118 | 49.476 | 3.130 | 49.465 |
| 最高非零有效位 | 3.036 | 49.586 | 3.036 | 49.586 | 3.036 | 49.586 |
| 比较验证协议 | 1.431 | 22.504 | 1.431 | 22.504 | 1.431 | 22.504 |
| 通用比较协议 | 1.892 | 29.374 | 1.892 | 29.374 | 1.892 | 29.374 |

### 6.5.3 针对数学函数的零知识证明协议性能

**指数协议的计算与通信性能。** 表 6-4 中展示了本章提供的指数零知识证明协议在不同网络带宽下的运行时间和通信开销，并与 Mystique[74] 中提供的指数协议进行了全面的比较。可以观察到，与 Mystique 中的指数协议相比，本章指数协议在不同网络环境下均取得了极大的计算性能增益。具体来说，当网络带宽为 1 Gbps 时，Mystique 中指数协议的运行时间高达 1118.570 秒，而本章指数协议的运行时间仅为 8.652 秒，获得 129.280 倍的性能提升。即使在受限的网络环境下，如带宽为 200 Mbps 时，本章指数协议的运行时间仍比 Mystique 中的指数协议快 119.901 倍。值得注意的是，本章指数协议计算性能的提升不以增大通信开销为代价。从表中可以看到，本章指数协议的通信性能甚至比 Mystique 中的指数协议好 2.943 倍。

表 6-4  本章指数零知识证明协议与现有协议在运行时间和通信开销上的比较

| 协议 | 不同网络带宽下的运行时间/s | | | 通信开销/MB |
|---|---|---|---|---|
| | 200 Mbps | 500 Mbps | 1 Gbps | |
| 本书协议 | 9.877 | 8.696 | 8.652 | 99.020 |
| Mystique | 1184.240 (119.901×) | 1130.020 (129.948×) | 1118.570 (129.280×) | 291.435(2.943×) |

除法协议的计算与通信性能。表 6-5 中展示了本章提供的除法零知识证明协议在不同网络带宽下的运行时间和通信开销,并与 Mystique[74] 中提供的除法协议进行了全面的比较。本章除法协议中的参数设置遵循现有工作[54],即迭代次数 $I=0$,查找表比特长度 $m=5$。可以观察到,本章除法协议在不同网络带宽下的运行时间与 Mytique 中除法协议的运行时间相比,均显著降低。例如,当网络带宽为 500 Mbps 时,本章除法协议的运行时间仅为 9.837 秒,而 Mystique 中除法协议的运行时间为 617.690 秒,本章除法协议展示出高达 62.792 倍的性能提升。当网络带宽增大时,如 1 Gbps,本章除法协议展示出更好的计算性能增益,即达到 63.193 倍的计算性能提升。对于通信开销,本章除法协议呈现出与 Mystique 中除法协议相似的性能,甚至有 1.449 倍的通信性能提升。

表 6-5  本章除法零知识证明协议与现有协议在运行时间和通信开销上的比较

| 协议 | 不同网络带宽下的运行时间/秒 | | | 通信开销/MB |
|---|---|---|---|---|
| | 200 Mbps | 500 Mbps | 1 Gbps | |
| 本书协议 | 10.378 | 9.837 | 9.798 | 110.684 |
| Mystique | 636.038 (61.287×) | 617.690 (62.792×) | 619.162 (63.193×) | 160.428(1.449×) |

倒数平方根协议的计算与通信性能。表 6-6 中展示了本章提供的倒数平方根零知识证明协议在不同网络带宽下的运行时间和通信开销,并与

Mystique[74]中提供的倒数平方根协议进行了全面的比较。本章倒数平方根协议中的参数设置遵循现有工作[54]，即迭代次数 $I=1$，查找表比特长度 $m=6$。可以观察到，在不同网络带宽下，本章的倒数平方根协议明显优于 Mystique 中提供的倒数平方根协议。具体来说，当网络带宽为 1 Gpbs 时，本章倒数平方根协议的运行时间仅为 11.804 秒，相比之下，Mystique 中倒数平方根协议消耗 823,949 秒的运行时间，本章协议获得 69.803 倍的计算性能提升。当网络带宽为 200 Mbps 时，本章倒数平方根协议仍比 Mystique 协议的计算开销降低了 62.379 倍。与上述两个数学函数协议类似，本章倒数平方根协议计算性能的提升不以增大通信开销为代价。从表中可以看到，本章倒数平方根协议呈现出与 Mystique 中协议相似的性能，甚至有 1.435 倍的通信性能提升。

表 6-6　本章倒数平方根零知识证明协议与现有协议在
运行时间（秒）和通信开销（MB）上的比较

| 协议 | 不同网络带宽下的运行时间/s | | | 通信开销/MB |
|---|---|---|---|---|
| | 200 Mbps | 500 Mbps | 1 Gbps | |
| 本书协议 | 13.406 | 11.836 | 11.804 | 147.903 |
| Mystique | 836.267 (62.379×) | 824.639 (69.674×) | 823.949 (69.803×) | 212.211(1.435×) |

### 6.5.4　针对机器学习非线性函数的零知识证明协议性能

**1. ReLU 协议的计算与通信性能**。表 6-7 中展示了本章提供的 ReLU 零知识证明协议在不同网络带宽下的运行时间和通信开销，并与 Mystique[74] 中提供的 ReLU 协议进行了全面的比较。可以观察到，与 Mystique 中的 ReLU 协议相比，本章提供的 ReLU 协议在网络带宽为 200 Mbps、500 Mbps、1 Gbps 的环境中，计算开销提升了 95.113～101.336 倍。此外，从该表中可以观察到，本章提供的 ReLU 协议的通信性能比 Mystique 中的 ReLU 协议提高了 1.933 倍。因此，本章协议在降低计算开销的同时，不会以牺牲通信性能为代价。

表6-7 ReLU 零知识证明协议与现有协议在运行时间和通信开销上的比较

| 协议 | 不同网络带宽下的运行时间/s | | | 通信开销/MB |
|---|---|---|---|---|
| | 200 Mbps | 500 Mbps | 1Gbps | |
| 本章协议 | 2.107 | 1.906 | 1.898 | 30.137 |
| Mystique | 200.433 (95.113×) | 193.797 (101.655×) | 192.360 (101.336×) | 58.244(1.933×) |

**2. Sigmoid 协议的计算与通信性能。** 表6-8 中展示了本章提供的 Sigmoid 零知识证明协议在不同网络带宽下的运行时间和通信开销，并与 Mystique[74]中提供的 Sigmoid 协议进行了全面的比较。可以观察到，与 Mystique 中的 Sigmoid 协议相比，本章提供的 Sigmoid 协议在网络带宽为 200 Mbps、500 Mbps、1 Gbps 的环境中，计算性能提升了 98.188～104.332 倍。从该表中还可以观察到，本章提供的 Sigmoid 协议的通信性能比 Mystique 中的 Sigmoid 协议提高了 2.443 倍。

表6-8 Sigmoid 零知识证明协议与现有协议在运行时间和通信开销上的比较

| 协议 | 不同网络带宽下的运行时间/s | | | 通信开销/MB |
|---|---|---|---|---|
| | 200 Mbps | 500 Mbps | 1 Gbps | |
| 本章协议 | 19.544 | 17.706 | 17.715 | 189.899 |
| Mystique | 1918.970 (98.188×) | 1847.300 (104.332×) | 1830.750 (103.344×) | 463.862(2.443×) |

**3. GELU 协议的计算与通信性能。** 表6-9 中展示了本章提供的 GELU 零知识证明协议在不同网络带宽下的运行时间和通信开销，并与 Mystique[74]中提供的 GELU 协议进行了全面的比较。可以观察到，与 Mystique 中的 GELU 协议相比，本章提供的 GELU 协议在网络带宽为 200 Mbps、500 Mbps、1 Gbps 的环境中，计算性能获得 72.264～82.936 倍的提升。此外，从该表中还可以观察到，本章提供的 GELU 协议与 Mystique 中的 GELU 协议

具有相似的通信复杂度，甚至比 Mystique 中的 GELU 协议的通信性能提高了 1.936 倍。

表6-9 GELU 零知识证明协议与现有协议在运行时间和通信开销上的比较

| 协议 | 不同网络带宽下的运行时间/s | | | 通信开销/MB |
| --- | --- | --- | --- | --- |
| | 200 Mbps | 500 Mbps | 1 Gbps | |
| 本章协议 | 37.628 | 32.696 | 32.528 | 338.182 |
| Mystique | 2719.110 (72.264×) | 2711.700 (82.936×) | 2627.300 (80.769×) | 654.685(1.936×) |

**4. Maxpooling 协议的计算与通信性能**。表 6-10 中展示了本章提供的 Maxpooling 零知识证明协议在不同网络带宽下的运行时间和通信开销，并与 Mystique[74] 中提供的 Maxpooling 协议进行了全面的比较。可以观察到，与 Mystique 中的 Maxpooling 协议相比，本章提供的 Maxpooling 协议在网络带宽为 200 Mbps，500 Mbps，1 Gbps 的环境中，计算性能提升了 77.084 到 85.011 倍。此外，从该表中还可以观察到，本章提供的 Maxpooling 协议与 Mystique 中的 Maxpooling 协议具有相似的通信复杂度，甚至比 Mystique 中的 Maxpooling 协议的通信性能提高了 1.930 倍。

表6-10 Maxpooling 零知识证明协议与现有协议在运行时间和通信开销上的比较

| 协议 | 不同网络带宽下的运行时间/s | | | 通信开销/MB |
| --- | --- | --- | --- | --- |
| | 200 Mbps | 500 Mbps | 1 Gbps | |
| 本章协议 | 10.439 | 9.310 | 9.136 | 95.611 |
| Mystique | 804.715 (77.084×) | 774.942 (83.240×) | 776.658 (85.011×) | 184.554(1.930×) |

注：其中输入维度为 4。

**5. Softmax 协议的计算与通信性能**。表 6-11 中展示了本章提供的 Softmax 零知识证明协议在不同网络带宽下的运行时间和通信开销，并与 Mystique[74] 中提供的 Softmax 协议进行了全面的比较。可以观察到，与

Mystique 中的 Softmax 协议相比，本章提供的 Softmax 协议在网络带宽为 200 Mbps、500 Mbps、1 Gbps 的环境中，计算开销提升了 171.849～179.457 倍。此外，本章提供的 Softmax 协议的通信性能与 Mystique 中给出的 Softmax 协议相比，实现了高达 4.866 倍的提升。

表 6-11 Softmax 零知识证明协议与现有协议在运行时间和通信开销上的比较

| 协议 | 不同网络带宽下的运行时间/s | | | 通信开销/MB |
| --- | --- | --- | --- | --- |
| | 200 Mbps | 500 Mbps | 1 Gbps | |
| 本章协议 | 87.131 | 78.289 | 78.015 | 816.330 |
| Mystique | 14973.300<br>(171.849×) | 14049.600<br>(179.457×) | 13998.800<br>(179.436×) | 3972.490(4.866×) |

注：其中输入维度为 10。

**6. LayerNorm 协议的计算与通信性能。**表 6-12 中展示了本章提供的 LayerNorm 零知识证明协议在不同网络带宽下的运行时间和通信开销，并与 Mystique[74] 中提供的 LayerNorm 协议进行了全面的比较。可以观察到，与 Mystique 中的 LayerNorm 协议相比，本章协议在带宽为 200 Mbps、500 Mbps、1 Gbps 的情况下，计算开销提升了 50.134～54.744 倍。除此之外，通信性能比 Mystique 中的 LayerNorm 协议提高了 1.242 倍。

表 6-12 LayerNorm 零知识证明协议与现有协议在运行时间和通信开销上的比较

| 协议 | 不同网络带宽下的运行时间/s | | | 通信开销/MB |
| --- | --- | --- | --- | --- |
| | 200 Mbps | 500 Mbps | 1 Gbps | |
| 本章协议 | 192.826 | 176.140 | 175.439 | 1787.067 |
| Mystique | 9667.060<br>(50.134×) | 9642.600<br>(54.744×) | 9279.420<br>(52.893×) | 2219.737(1.242×) |

注：其中输入维度为 1。

## 6.6 本章小结

本章提出了基于零知识证明的可验证深度学习预测方案，并发现现有协议的效率瓶颈是评估深度学习中的非线性函数协议。为了解决这个问题，本章首先提出了针对基础构建块的零知识证明协议，包括数字分解、截断以及最高非零有效位操作。本章主要采用的技术是查找表技术，设计了新的协议，解决直接应用查找表带来的效率问题和证明可靠性问题。基于上述基础构建块，本章进而设计了针对复杂数学函数的零知识证明协议，包括指数、除法和倒数平方根。这些通用的非线性数学函数协议可以直接与现有的线性函数结合，实现基于零知识证明的可验证深度学习预测方案，确保预测过程的完整性。

# 第七章

# 总结与展望

本章首先对本书所研究的工作进行全面总结，同时指出目前深度学习安全中仍未解决的问题，并对该领域的未来发展进行展望。

## 7.1 全文总结

本书主要聚集于深度学习环境下的数据安全保护技术研究，从训练阶段的数据机密性保护、训练阶段的数据完整性保护、预测阶段的数据机密性保护和预测阶段的数据完整性保护等四个方面开展研究。下面，对本书所提出的方法进行总结。

（1）训练阶段的数据机密性保护技术研究。本书研究了多参与方协作训练设置下的保护隐私的训练数据对齐技术。考虑实际的非平衡应用场景，其中用户数据量远远小于云服务器数据量，提出了通用的非平衡电路隐私集合求交协议。该协议可以直接应用到隐私保护的训练数据对齐中，保证了对参与方训练数据的保护，同时不泄漏交集结果。

（2）训练阶段的数据完整性保护技术研究。本书设计了密码学友好的联邦学习拜占庭防御策略，在不损害拜占庭防御能力的情况下，降低密文评估的复杂操作。结合上述防御策略，本书提出了高效的密文环境下抵抗拜占庭攻击的联邦学习方案，在保证梯度数据隐私的同时，实现模型训练阶段中数据完整性的保护。

（3）预测阶段的数据机密性保护技术研究。本书研究了针对 Transformer 架构的保护隐私语言模型预测技术。本书设计了高效的多项式编码方法，提出高效的基于加法同态加密的高维矩阵乘法协议，并设计高效的基于安全多方计算的复杂非线性函数协议，包括 Softmax、GELU、LayerNorm。上述协议有效地保证了预测阶段数据的机密性

（4）预测阶段的数据完整性保护技术研究。本书设计了基于查找表技术的非线性基础构建块零知识证明协议，包括数字分解、截断等，实现了常数的乘法复杂性。应用上述构建块协议，本书设计了高效的数学函数零知识证明协议，包括指数、除法和倒数平方根，可直接应用在基于零知识证明的可验证深度学习模型预测中，保证预测过程的完整性。

## 7.2 未来展望

尽管本书围绕深度学习环境下训练和预测阶段的机密性和完整性问题，研究了四个数据安全保护方案。然而，在该领域中还存在一些有待研究的问题，需要进一步深入探索。具体包括以下四个方面。

（1）如何实现针对大规模参与方的保护隐私的训练数据对齐技术？

针对当前协作训练过程中的保护隐私的数据对齐协议在非平衡设置下效率低的问题，本书设计了通用的非平衡的电路隐私集合求交协议，并将其应用在保护隐私的训练数据对齐技术中。但是，本书协议主要针对两个参与方所提出，无法在不损害效率的情况下，直接扩展到大规模的参与方设置中。因此，如何实现针对大规模参与方的保护隐私的训练数据对齐技术仍是一个有待研究的问题，需要对这一方向进行进一步的探索。

(2) 如何实现全恶意场景下的拜占庭防御的联邦学习训练技术？

针对当前抵抗拜占庭攻击的联邦学习训练技术无法与隐私保护技术兼容的问题，本书设计了密码学友好的联邦学习拜占庭防御策略，并将其扩展到密文环境下抵抗拜占庭攻击的联邦学习方案。但是，本书协议假设云服务器是诚实但好奇设置的，当考虑更强的安全性需要时，云服务器可能遭受恶意敌手的攻击，本书协议无法抵抗恶意服务器。因此，如何实现全恶意场景下的拜占庭防御的联邦学习训练技术仍然是一个亟待解决的问题。

(3) 如何进一步提高保护隐私的大语言模型预测技术的效率？

针对当前保护隐私深度学习预测技术在实现复杂函数操作效率低问题，本书设计高效的多项式编码方法，提出高效的基于加法同态加密的高维矩阵乘法协议，并设计高效的基于安全多方计算的复杂非线性函数协议，最后应用这些协议实现了保护隐私的语言模型评估。但是，本书发现语言模型中，尽管利用本书高效的协议，非线性函数由于规模庞大仍然是预测过程中的主要瓶颈。因此，如何设计更加高效的非线性函数评估协议，进一步提高保护隐私的大语言模型预测技术的效率，是未来的重要研究方向之一。

(4) 如何高效实现基于浮点数运算的零知识证明预测技术？

针对现有基于零知识证明的可验证深度学习预测技术缺乏对复杂非线性函数支持的问题，本书设计了基于查找表技术的非线性基础构建块零知识证明协议，包括数字分解、截断等，实现了常数的乘法复杂性，进而设计了高效的数学函数零知识证明协议，包括指数、除法和倒数平方根。但是，本书数学函数协议利用了定点数编码和运算，无法直接用于基于浮点数运算的零知识证明协议。因此，如何高效地实现基于浮点数运算的零知识证明预测技术仍是一个有待研究的关键问题。

# 参考文献

[1] ESTEVA A, ROBICQUET A, RAMSUNDAR B, et al. A guide to deep learning in healthcare [J]. Nature Medicine, 2019, 25 (1): 24-29.

[2] YIN X, WU G, WEI J, et al. Deep learning on traffic prediction: Methods, analysis, and future directions [J]. IEEE Transactions on Intelligent Transportation Systems, 2021, 23 (6): 4927-4943.

[3] HEATON JB, POLSON NG, WITTE JH. Deep learning for finance: deep portfolios [J]. Applied Stochastic Models in Business and Industry, 2017, 33 (1): 3-12.

[4] DENG Y, ZHANG T, LOU G, et al. Deep learning - based autonomous driving systems: A survey of attacks and defenses [J]. IEEE Transactions on Industrial Informatics, 2021, 17 (12): 7897-7912.

[5] BONAWIZ K, IVANOV V, KREUTER B, et al. Practical secure aggregation for privacy preserving machine learning [C]. Proceedings of the ACM SIGSAC Conference on Computer and Communications Security. 2017: 1175-1191.

[6] MOHASSEL P, ZHANG Y. Secureml: A system for scalable privacy preserving machine learning [C]. 2017 IEEE Symposium on Security and Privacy. IEEE, 2017: 19-38.

[7] MCMAHAN B, MOORE E, RAMAGE D, et al. Communication - efficient learning of deep networks from decentralized data [C]. Proceedings of the 20th International Conference on Artificial Intelligence and Statistics. 2017: 1273-1282.

[8] YANG Q, LIU Y, CHEN T, et al. Federated machine learning: Concept and applications [J]. ACM Transactions on Intelligent Systems and Technology, 2019, 10 (2): 1-19.

[9] HUANG Y, EVANS D, KATZ J. Private set intersection: Are garbled circuits better than custom protocols? [C]. Annual Network and Distributed System Security Symposium. 2012.

[10] YAO AC. How to generate and exchange secrets [C]. Proceedings of the 27th Annual Symposium on Foundations of Computer Science. IEEE, 1986: 162-167.

[11] PINKAS B, SCHNEIDER T, SEGEV G, et al. Phasing: Private set intersection using permutation-based hashing [C]. 2015 USENIX Security Symposium. USENIX Association, 2015: 515-530.

[12] PINKAS B, SCHNEIDER T, WEINERT C, et al. Efficient circuit-based psi via cuckoo hashing [C]. Annual International Conference on the Theory and Applications of Cryptographic Techniques. Springer, 2018: 125-157.

[13] CIAMPI M, ORLANDI C. Combining private set-intersection with secure two-party computation [C]. International Conference on Security and Cryptography for Networks. Springer, 2018: 464-482.

[14] PINKAS B, SCHNEIDER T, TKACHENKO O, et al. Efficient circuit-based psi with linear communication [C]. Annual International Conference on the Theory and Applications of Cryptographic Techniques. Springer, 2019: 122-153.

[15] KOLESNIKOV V, MATANIA N, PINKAS B, et al. Practical multiparty private set intersection from symmetric-key techniques [C]. Proceedings of the ACM SIGSAC Conference on Computer and Communications Security. 2017: 1257-1272.

[16] CHANDRAN N, GUPTA D, SHAH A. Circuit-psi with linear complexity via relaxed batch opprf [J]. Proceedings on Privacy Enhancing Technologies, 2022 (1): 353-372.

[17] KARAKOC F, KIPCUC A. Linear complexity private set intersection for secure two-party protocols [C]. International Conference on Cryptology and Network Security. Springer, 2020: 409-429.

[18] RINDAL P, SCHOPPMANN P. Vole-psi: fast oprf and circuit-psi from vector-ole [C]. Annual International Conference on the Theory and Applications of

Cryptographic Techniques. Springer, 2021: 901-930.

[19] RAGHURAMAN S, RINDAL P. Blazing fast psi from improved okvs and subfield vole [C]. Proceedings of the ACM SIGSAC Conference on Computer and Communications Security. 2022: 2505-2517.

[20] BIENSTOCK A, PATEL S, SEO JY, et al. Near-optimal oblivious key value stores for efficient psi, psu and volume-hiding multimaps [C]. 2023 USENIX Security Symposium. USENIX Association, 2023: 301-318.

[21] GARIMELLA G, PINKAS B, ROSULEK M, et al. Oblivious key-value stores and amplification for private set intersection [C]. Annual International Cryptology Conference. Springer, 2021: 395-425.

[22] HAN K, MOON D, SON Y. Improved circuit-based psi via equality preserving compression [J/OL]. Cryptology ePrint Archive, 2021. [2024-04-10]. https://eprint.iacr.org/2021/1440.

[23] CHEN H, LAINE K, RINDAL P. Fast private set intersection from homomorphic encryption [C]. Proceedings of the ACM SIGSAC Conference on Computer and Communications Security. 2017: 1243-1255.

[24] CONG K, MORENO RC, DA GAMA MB, et al. Labeled psi from homomorphic encryption with reduced computation and communication [C]. Proceedings of the ACM SIGSAC Conference on Computer and Communications Security. 2021: 1135-1150.

[25] KALES D, RECHBERGER C, SCHNEIDER T, et al. Mobile private contact discovery at scale [C]. 2019 USENIX Security Symposium. USENIX Association, 2019: 1447-1464.

[26] RESENDE ACD, ARANHA DF. Faster unbalanced private set intersection [C]. International Conference on Financial Cryptography and Data Security. Springer, 2018: 203-221.

[27] CHEN H, HUANG Z, LAINE K, et al. Labeled psi from fully homomorphic encryption with malicious security [C]. Proceedings of the ACM SIGSAC Conference

on Computer and Communications Security. 2018: 1223-1237.

[28] LEPOINT T, PATEL S, RAYKOVA M, et al. Private join and compute from pir with default [C]. International Conference on the Theory and Application of Cryptology and Information Security. Springer, 2021.

[29] BLOOM BH. Space/time tradeoffs in hash coding with allowable errors [J]. Communications of the ACM, 1970, 13 (7): 422-426.

[30] DONG C, CHEN L, WEN Z. When private set intersection meets big data: an efficient and scalable protocol [C]. Proceedings of the ACM SIGSAC Conference on Computer and Communications Security. 2013: 789-800.

[31] SON Y, JEONG J. Psi with computation or circuit - psi for unbalanced sets from homomorphic encryption [C]. Proceedings of the ACM Asia Conference on Computer and Communications Security. 2023: 342-356.

[32] BLANCHARD P, ELMHAMDI EM, GUERRAOUI R, et al. Machine learning with adversaries: Byzantine tolerant gradient descent [C]. Advances in Neural Information Processing Systems 30. Curran Associates, Inc., 2017: 118-128.

[33] EL MHAMDI EM, GUERROUI R, ROUAULT SLA. The hidden vulnerability of distributed learning in byzantium [C]. Proceedings of the 35th International Conference on Machine Learning. PMLR, 2018: 3521-3530.

[34] 马鑫迪, 李清华, 姜奇, 等。面向 noniid 数据的拜占庭鲁棒联邦学习 [J]. 通信学报, 2023, 44 (6): 138-153.

[35] YIN D, CHEN Y, KANNAN R, 等. Byzantinerobust distributed learning: Towards optimal statistical rates [C]. Proceedings of the 35th International Conference on Machine Learning. PMLR, 2018: 5650-5659.

[36] FANG M, CAO X, JIA J, et al. Local model poisoning attacks to byzantinerobust federated learning [C]. 2020 USENIX Security Symposium. USENIX Association, 2020: 1605-1622.

[37] BARCH M, BARUCH G, GOLDBERG Y. A little is enough: Circumventing defenses for distributed learning [C]. Advances in Neural Information Processing

Systems 32. Curran Associates, Inc., 2019.

[38] XIE C, KOYEJO O, GUPTA I. Fall of empires: Breaking byzantinetolerant sgd by inner product manipulation [C]. Proceedings of the 36th Conference on Uncertainty in Artificial Intelligence. PMLR, 2020: 261-270.

[39] SHEJWALKAR V, HOUMANSADR A. Manipulating the byzantine: Optimizing model poisoning attacks and defenses for federated learning [C]. Annual Network and Distributed System Security Symposium. 2021.

[40] CAO X, FANG M, LIU J, et al. Fltrust: Byzantine-robust federated learning via trust bootstrapping [C]. Annual Network and Distributed System Security Symposium. 2021.

[41] SO J, GILER B, AVESTIMEHR AS. Byzantineresilient secure federated learning [J]. IEEE Journal on Selected Areas in Communications, 2020, 39 (7): 2168-2181.

[42] HASHEMI H, WANG Y, GUO C, et al. Byzainerobust and privacy-preserving framework for fedml [C]. Workshop on Security and Safety in Machine Learning Systems at the 9th International Conference on Learning Representations. 2021.

[43] KHAZBAK Y, TAN T, CAO G. Mguard: Mitigating poisoning attacks in privacy preserving distributed collaborative learning [C]. Proceedings of the 29th International Conference on Computer Communications and Networks. IEEE, 2020: 1-9.

[44] 陈前昕, 毕仁万, 林劫, 等。支持多数不规则用户的隐私保护联邦学习框架 [J]. 网络与信息安全学报, 2022, 8 (1): 139-150.

[45] BAGDASARYAN E, VEIT A, HUA Y, et al. How to backdoor federated learning [C]. Proceedings of the 23rd International Conference on Artificial Intelligence and Statistics. PMLR, 2020: 2938-2948.

[46] VAN BULCK J, MINKIN M, WEISSE O, et al. Foreshadow: Extracting the keys to the intel ISGX kingdom with transient out of order execution [C]. 2018 USENIX Security Symposium. USENIX Association, 2018: 991-1008.

[47] JUVEKAR C, VAIKUNTANATHAN V, CHANDRAKASAN A. Gazelle: A low latency framework for secure neural network inference [C]. 2018 USENIX Security Symposium. USENIX Association, 2018: 1651-1669.

[48] MISHRA P, LEHMKUHL R, SRINIVASAN A, et al. Delphi: A cryptographic inference service for neural networks [C]. 2020 USENIX Security Symposium. USENIX Association, 2020: 2505-2522.

[49] RATHEE D, RATHEE M, KUMAR N, et al. Cryptflow2: Practical 2-party secure inference [C]. Proceedings of the ACM SIGSAC Conference on Computer and Communications Security. 2020: 325-342.

[50] HUANG Z, LU WJ, HONG C, et al. Cheetah: Lean and fast secure two-party deep neural network inference [C]. 2022 USENIX Security Symposium. USENIX Association, 2022.

[51] JIANG X, KIM M, LAUTER K, et al. Secure outsourced matrix computation and application to neural networks [C]. Proceedings of the ACM SIGSAC Conference on Computer and Communications Security. 2018: 1209-1222.

[52] RATHEE D, RATHEE M, GOLI RKK, et al. Sirnn: A math library for secure nn inference [C]. 2021 IEEE Symposium on Security and Privacy. IEEE, 2021: 1003-1020.

[53] KELLER M. Mp spdz: A versatile framework for multi-party computation [C]. Proceedings of the ACM SIGSAC Conference on Computer and Communications Security. 2020: 1575-1590.

[54] KNOTT B, VENKATARAMAN S, HANNUN A, et al. Crypten: Secure multiparty computation meets machine learning [C]. Advances in Neural Information Processing Systems 34. Curran Associates, Inc., 2021.

[55] 马俊明, 吴秉哲, 余超凡, 等. S3ml: 一种安全的机器学习推理服务系统 [J]. 软件学报, 2022, 33 (9): 3312-3330.

[56] SETY S. Spartan: Efficient and general-purpose ksnarks without trusted setup [C]. Annual International Cryptology Conference. Springer, 2020: 704-737.

[57] OZDEMIR A, BONEH D. Experimenting with collaborative zk - snarks: Zero - knowledge proofs for distributed secrets [C]. 2022 USENIX Security Symposium. USENIX Association, 2022: 4291-4308.

[58] WENG C, YANG K, KATZ J, et al. Wolverine: fast, scalable, and communication efficient zero - knowledge proofs for boolean and arithmetic circuits [C]. 2021 IEEE Symposium on Security and Privacy. IEEE, 2021: 1074-1091.

[59] YANG K, SARKAR P, WENG C, et al. Quicksilver: Efficient and affordable zero - knowledge proofs for circuits and polynomials over any field [C]. Proceedings of the ACM SIGSAC Conference on Computer and Communications Security. 2021.

[60] DITTMER S, ISHAI Y, OSTROVSKY R. Line point zero knowledge and its applications [C]. Conference on Information - Theoretic Cryptography. Springer, 2021.

[61] DITTMER S, ISHAI Y, LU S, et al. Improving line - point zero knowledge: Two multiplications for the price of one [C]. Proceedings of the ACM SIGSAC Conference on Computer and Communications Security. 2022: 829-841.

[62] BAUM C, MALOZEMOFF AJ, ROSEN MB, et al. Mac'n'cheese: Zero - knowledge proofs for boolean and arithmetic circuits with nested disjunctions [C]. Annual International Cryptology Conference. Springer, 2021: 92-122.

[63] JAWUREK M, KERSCHBAUM F, ORLANDI C. Zero - knowledge using garbled circuits: how to prove non - algebraic statements efficiently [C]. Proceedings of the ACM SIGSAC Conference on Computer and Communications Security. 2013: 955-966.

[64] FREDERIKSEN TK, NIELSEN JB, ORLANDI C. Privacy - free garbled circuits with applications to efficient zero - knowledge [C]. Annual International Conference on the Theory and Applications of Cryptographic Techniques. Springer, 2015: 191-219.

[65] HEATH D, KOLESNIKOV V. Stacked garbling for disjunctive zero - knowledge proofs [C]. Annual International Conference on the Theory and Applications of

Cryptographic Techniques. Springer, 2020: 569 - 598.

[66] ISHAI Y, KUSHILEVITZ E, OSTROVSKY R, et al. Zero - knowledge from secure multiparty computation [C]. Proceedings of the 39th Annual ACM SIGACT Symposium on Theory of Computing. ACM, 2007: 21 - 30.

[67] CHODSI Z, GU T, GARG S. Safetynets: Verifiable execution of deep neural networks on an untrusted cloud [C]. Advances in Neural Information Processing Systems 30. Curran Associates, Inc. , 2017.

[68] KEUFFER J, MOLVA R, CHABANNE H. Efficient proof composition for verifiable computation [C]. European Symposium on Research in Computer Security. Springer, 2018: 152 - 171.

[69] ZHANG J, FANG Z, ZHANG Y, et al. Zero knowledge proofs for decision tree predictions and accuracy [C]. Proceedings of the ACM SIGSAC Conference on Computer and Communications Security. 2020: 2039 - 2053.

[70] FENG B, QIN L, ZHANG Z, et al. Zen: An optimizing compiler for verifiable, zero - knowledge neural network inferences [J/OL]. Cryptology ePrint Archive, 2021 [2021 - 05 - 15]. https: //eprint. iacr. org/2021/087.

[71] LEE S, KO H, KIM J, et al. vemn: Verifiable convolutional neural network based on zk - snarks [J/OL]. Cryptology ePrint Archive, 2020 [2024 - 03 - 15]. https: //ieeexplore. ieee. org/document/10379135/.

[72] WENG C, YANG K, XIE X, et al. Mystique: Efficient conversions for zero - knowledge proofs with applications to machine learning [C]. 2021 USENIX Security Symposium. USENIX Association, 2021: 501 - 518.

[73] LIU T, XIE X, ZHANG Y. Zkemn: Zero knowledge proofs for convolutional neural network predictions and accuracy [C]. Proceedings of the ACM SIGSAC Conference on Computer and Communications Security. 2021: 2968 - 2985.

[74] GARG S, GOEL A, JHA S, et al. Experimenting with zero - knowledge proofs of training [C]. Proceedings of the ACM SIGSAC Conference on Computer and Communications Security. 2023: 1880 - 1894.

[75] SHAMSABADI A S, WYLLIE S C, FRANZESE N, et al. Confidential-profitt: Confidential proof of fair training of trees [C]. International Conference on Learning Representations. 2023.

[76] BAUM C, BRAUN L, MUNCH-HANSEN A, et al. Appenzeller to brie: efficient zero knowledge proofs for mixed-mode arithmetic and z2k [C]. Proceedings of the ACM SIGSAC Conference on Computer and Communications Security. 2021: 192-211.

[77] LECUN Y, BENGIO Y, HINTON G. Deep learning [J]. Nature, 2015, 521 (7553): 436-444.

[78] GOODFELLOW I, BENGIO Y, COURVILE A. Deep learning [M]. MIT Press, 2016.

[79] VASWANI A, SHAZEER N, PARMAR N, et al. Attention is all you need [C]. Advances in Neural Information Processing Systems 30. Curran Associates, Inc., 2017: 5998-6008.

[80] HENDRICKS D, GIMPEL K. Gaussian error linear units (gelus) [J]. arXiv preprint arXiv: 1606. 08415, 2016.

[81] DEMMLER D, SCHNEIDER T, ZOHNER M. Aby-a framework for efficient mixed-protocol secure two-party computation [C]. Annual Network and Distributed System Security Symposium. 2015.

[82] PINKAS B, ROSULEK M, TRIEU N, et al. Psi from paxos: fast, malicious private set intersection [C]. Annual International Conference on the Theory and Applications of Cryptographic Techniques. Springer, 2020: 739-767.

[83] CHOR B, GOLDREICH O, KUSHILEVITZ E, et al. Private information retrieval [C]. Proceedings of the 36th Annual Symposium on Foundations of Computer Science. IEEE, 1995: 40-49.

[84] ISHAI Y, KUSHILEVITZ E, OSTROVSKY R, et al. Batch codes and their applications [C]. Proceedings of the 36th Annual ACM SIGACT Symposium on Theory of Computing. ACM, 2004: 262-271.

[85] ANGEL S, CHEN H, LAINE K, et al. Pir with compressed queries and amortized query processing [C]. 2018 IEEE Symposium on Security and Privacy. IEEE, 2018: 962-979.

[86] MUGHEES MH, REN L. Vectorized batch private information retrieval [C]. 2023 IEEE Symposium on Security and Privacy. IEEE, 2023: 437-452.

[87] LIU J, LI J, WU D, et al. Pirana: Faster multi-query pir via constant-weight codes [C]. 2024 IEEE Symposium on Security and Privacy. IEEE, 2024.

[88] FREEDMAN MJ, ISHAI Y, PINKAS B, et al. Keyword search and oblivious pseudorandom functions [C]. Theory of Cryptography Conference. Springer, 2005: 303-324.

[89] JARECKI S, LIU X. Fast secure computation of set intersection [C]. International Conference on Security and Cryptography for Networks. Springer, 2010: 418-435.

[90] PAGH R, RODLER FF. Cuckoo hashing [C]. Proceedings of the 9th Annual European Symposium on Algorithms. Springer, 2001: 121-133.

[91] ELGAMAL T. A public key cryptosystem and a signature scheme based on discrete logarithms [J]. IEEE Transactions on Information Theory, 1985, 31 (4): 469-472.

[92] PAILLIER P. Public-key cryptosystems based on composite degree residuosity classes [C]. Annual International Conference on the Theory and Applications of Cryptographic Techniques. Springer, 1999: 223-238.

[93] BRAKERSKI Z. Fully homomorphic encryption without modulus switching from classical gapsvp [C]. Annual International Cryptology Conference. Springer, 2012: 868-886.

[94] FAN J, VERCAUTEREN F. Somewhat practical fully homomorphic encryption [J]. Cryptology ePrint Archive, 2012.

[95] ISHAI Y, KILIAN J, NISSIM K, et al. Extending oblivious transfers efficiently [C]. Annual International Cryptology Conference. Springer, 2003: 145-161.

[96] ASHAROV G, LINDELL Y, SCHNEIDER T, et al. More efficient oblivious transfer

and extensions for faster secure computation [C]. Proceedings of the ACM SIGSAC Conference on Computer and Communications Security. 2013.

[97] NIELSEN JB, NORDHOLT PS, ORLANDI C, et al. A new approach to practical active-secure two-party computation [C]. Annual International Cryptology Conference. Springer, 2012: 681-700.

[98] BENDLIN R, DAMGARD I, ORLANDI C, et al. Semi-homomorphic encryption and multiparty computation [C]. Annual International Conference on the Theory and Applications of Cryptographic Techniques. Springer, 2011: 169-188.

[99] SCHOPPMANN P, GASCON A, REICHERT L, et al. Distributed vector-ole: Improved constructions and implementation [C]. Proceedings of the ACM SIGSAC Conference on Computer and Communications Security. 2019: 1055-1072.

[100] BOYLE E, COUTEAU G, GILBOA N, et al. Efficient two round ot extension and silent non-interactive secure computation [C]. Proceedings of the ACM SIGSAC Conference on Computer and Communications Security. 2019: 291-308.

[101] GOLDVASSER S, MICALI S, RACKOFF C. The knowledge complexity of interactive proof systems [C]. Proceedings of the 17th Annual ACM SIGACT Symposium on Theory of Computing. ACM, 1985: 291-304.

[102] YANG Y, HEATH D. Two shuffles make a ram: Improved constant overhead zero knowledge ram [C]. 2024 USENIX Security Symposium. USENIX Association, 2024.

[103] WENG C, YANG K, YANG Z, et al. Antman: Interactive zero-knowledge proofs with sublinear communication [C]. Proceedings of the ACM SIGSAC Conference on Computer and Communications Security. 2022: 2901-2914.

[104] FRANZESE N, KATZ J, LU S, et al. Constant-overhead zero-knowledge for ram programs [C]. Proceedings of the ACM SIGSAC Conference on Computer and Communications Security. 2021: 178-191.

[105] DELPECH DE SAINT GUILHEM C, ORSINI E, TANGUY T, et al. Efficient proof of ram programs from any public-coin zero-knowledge system [C]. International

Conference on Security and Cryptography for Networks. Springer, 2022: 615-638.

[106] HE K, ZHANG X, REN S, et al. Deep residual learning for image recognition [C]. Proceedings of the IEEE Conference on Computer Vision and Pattern Recognition. 2016: 770-778.

[107] GOLDREICH O, MICALI S, WIGDERSON A. How to play any mental game, or a completeness theorem for protocols with an honest majority [C]. Proceedings of the 19th Annual ACM SIGACT Symposium on Theory of Computing. ACM, 1987: 218-229.

[108] AONO Y, HAYASHI T, WANG L, et al. Privacypreserving deep learning via additively homomorphic encryption [J]. IEEE Transactions on Information Forensics and Security, 2018, 13 (5): 1333-1345.

[109] CHOR B, GILBOA N, NAOR M. Private information retrieval by keywords [J]. IACR Cryptology ePrint Archive, 1997.

[110] MENON SJ, WU DJ. Spiral: Fast, high-rate single server pir via fhe composition [C]. 2022 IEEE Symposium on Security and Privacy. IEEE, 2022: 930-947.

[111] SCHOPPMAMN P, GASCON A, RAYKOVA M, et al. Make some room for the zeros: data sparsity in secure distributed machine learning [C]. Proceedings of the ACM SIGSAC Conference on Computer and Communications Security. 2019: 1335-1350.

[112] YANG T, ANDREW G, EICHNER H, et al. Applied federated learning: Improving google keyboard query suggestions [J]. arXiv preprint arXiv: 1812. 02903, 2018.

[113] LI B, WU Y, SONG J, et al. DeepFed: Federated deep learning for intrusion detection in industrial cyberphysical systems [J]. IEEE Transactions on Industrial Informatics, 2021, 17 (8): 5615-5624.

[114] KAIROUZ P, MCMAHAN HB, AVENT B, et al. Advances and open problems in federated learning [J]. arXiv preprint arXiv: 1912. 0497, 2019.

[115] BHAGOJI AN, CHAKRABORTY S, MITTAL, et al. Analyzing federated learning through an adversarial lens [C]. Proceedings of the 36th International Conference

on Machine Learning. PMLR, 2019: 634-643.

[116] ZHANG C, LI S, XIA J, et al. Batcherypt: Efficient homomorphic encryption for cross-silo federated learning [C]. 2020 USENIX Annual Technical Conference. USENIX Association, 2020: 493-506.

[117] ZHU L, LIU Z, HAN S. Deep leakage from gradients [C]. Advances in Neural Information Processing Systems 32. Curran Associates, Inc., 2019.

[118] NASR M, SHOKRI R, HOUMANSADR A. Comprehensive privacy analysis of deep learning: Passive and active white-box inference attacks against centralized and federated learning [C]. 2019 IEEE Symposium on Security and Privacy. IEEE, 2019: 739-753.

[119] HITAJ B, ATENIESE G, PEREZ-CRUZ F. Deep models under the gan: information leakage from collaborative deep learning [C]. Proceedings of the ACM SIGSAC Conference on Computer and Communications Security. 2017: 603-618.

[120] MOHASSEL P, ROSULEK M, TRIEU N. Practical privacy-preserving k-means clustering [J]. Proceedings on Privacy Enhancing Technologies, 2020 (4): 414-433.

[121] DIFFIE W, HELLMAN M. New directions in cryptography [J]. IEEE Transactions on Information Theory, 1976, 22 (6): 644-654.

[122] LECUN Y, BOSER B, DENKER JS, et al. Backpropagation applied to handwritten zip code recognition [J]. Neural Computation, 1989, 1 (4): 541-551.

[123] HE K, ZHANG X, REN S, et al. Deep residual learning for image recognition [C]. Proceedings of the IEEE Conference on Computer Vision and Pattern Recognition. 2016: 770-778.

[124] BELL JH, BONAWITZ KA, GASCON A, et al. Secure single-server aggregation with (poly) logarithmic overhead [C]. Proceedings of the ACM SIGSAC Conference on Computer and Communications Security. 2020: 1253-1269.

[125] AONO Y, HAYASHI T, WANG L, et al. Privacypreserving deep learning via additively homomorphic encryption [J]. IEEE Transactions on Information Forensics

and Security, 2017, 13 (5): 1333-1345.

[126] HAO M, LI H, LUO X, et al. Efficient and privacy-enhanced federated learning for industrial artificial intelligence [J]. IEEE Transactions on Industrial Informatics, 2020, 16 (10): 6532-6542.

[127] DEVLIN J, CHANG MW, LEE K, et al. Bert: Pre-training of deep bidirectional transformers for language understanding [C]. Proceedings of the 2019 Conference of the North American Chapter of the Association for Computational Linguistics: Human Language Technologies. 2019: 4171-4186.

[128] RADFORD A, NARASIMBAN K, SALIMANS T, et al. Improving language understanding by generative pre-training [J]. OpenAI.

[129] DOSOVISKIY A, BEYER L, KOLESMIKOV A, et al. An image is worth 16x16 words: Transformers for image recognition at scale [C]. International Conference on Learning Representations. 2020.

[130] LIU Z, LIN Y, CAO Y, et al. Swin transformer: Hierarchical vision transformer using shifted windows [C]. Proceedings of the IEEE/CVF International Conference on Computer Vision. 2021: 10012-10022.

[131] LEHMKUHL R, MISHRA P, SRINIVASAN A, et al. Muse: Secure inference resilient to malicious clients [C]. 2021 USENIX Security Symposium. USENIX Association, 2021: 2201-2218.

[132] LIU Y, JIA J, LIU H, et al. Stolenencoder: Stealing pre-trained encoders [J]. arXiv preprint arXiv: 2201. 05889, 2022.

[133] GILAD-BACHRACH R, DOWLIN N, LAINE K, et al. Cryptonets: Applying neural networks to encrypted data with high throughput and accuracy [C]. Proceedings of the 33rd International Conference on Machine Learning. PMLR, 2016: 201-210.

[134] CHODSI Z, VELDANDA AK, REAGEN B, et al. Cryptonas: Private inference on a relu budget [C]. Advances in Neural Information Processing Systems 33. Curran Associates, Inc., 2020: 16961-16971.

[135] TAN S, KNOT B, TIAN Y, et al. Cryptgpu: Fast privacy – preserving machine learning on the gpu [C]. 2021 IEEE Symposium on Security and Privacy. IEEE, 2021: 1021 – 1038.

[136] WANG A, SINGH A, MICHAEL J, et al. Clue: A multi – task benchmark and analysis platform for natural language understanding [C]. International Conference on Learning Representations. 2018: 535 – 548.

[137] TURE I, CHANG MW, LEE K, et al. Well read students learn better: On the importance of pre – training compact models [J]. arXiv preprint arXiv: 1908. 08962, 2019.

[138] CHODSI Z, JHA NK, REAGEN B, et al. Cirea: Stochastic relus for private deep learning [C]. Advances in Neural Information Processing Systems 34. Curran Associates, Inc., 2021.

[139] GARG S, JAIN A, JIN Z, et al. Succinct zero knowledge for floating point computations [C]. Proceedings of the ACM SIGSAC Conference on Computer and Communications Security. 2022: 1203 – 1216.

[140] KANG D, HASHIMOTO T, STOICA I, et al. Scaling up trustless dnn inference with zero – knowledge proofs [J]. arXiv preprint arXiv: 2210. 08674, 2022.

[141] KARPATHY A, TODERICI G, SHETTY S, et al. Large – scale video classification with convolutional neural networks [C]. Proceedings of the IEEE Conference on Computer Vision and Pattern Recognition. 2014: 1725 – 1732.

[142] VASWANI A, SHAZEER N, PARMAR N, et al. Attention is all you need [C]. Advances in Neural Information Processing Systems 30. Curran Associates, Inc., 2017: 5998 – 6008.

[143] CUELLAR S, HARMIS B, PARKER J, et al. Cheeseclot: Zero – knowledge proofs of real – world vulnerabilities [C]. 2023 USENIX Security Symposium. USENIX Association, 2023: 6525 – 6540.

[144] FANG Z, DARIS D, NEAR JP, et al. Zero knowledge static program analysis [C]. Proceedings of the ACM SIGSAC Conference on Computer and Communications

Security, 2021: 2951-2967.

[145] LI X, WENG C, XU Y, et al. Zksql: Verifiable and efficient query evaluation with zero-knowledge proofs [J]. Proceedings of the VLDB Endowment, 2023, 16 (8): 1804-1816.

[146] GARAY J, SCHOENMAKERS B, VILLEGAS J. Practical and secure solutions for integer comparison [C]. Proceedings of the 10th International Conference on the Theory and Practice of Public-Key Cryptography. Springer, 2007: 330-342.

[147] CATRINA O, SAXENA A. Secure computation with fixed-point numbers [C]. International Conference on Financial Cryptography and Data Security. Springer, 2010: 35-50.

[148] GOLDSCHMIDT RE. Applications of division by convergence [J]. Massachusetts Institute of Technology.

[149] WAGH S, TOPLE S, BENHAMOUDA F, et al. Falcon: Honest-majority maliciously secure framework for private deep learning [J]. Proceedings on Privacy Enhancing Technologies, 2021 (1): 188-208.

[150] ITO M, TAKAGI N, YAJIMA S. Efficient initial approximation for multiplicative division and square root by a multiplication with operand modification [J]. IEEE Transactions on Computers, 1997, 46 (4): 495-498